JN091614

「Wio Terminal（ワイオー ターミナル）」ではじめる カンタン電子工作

画像の表示

文字の表示

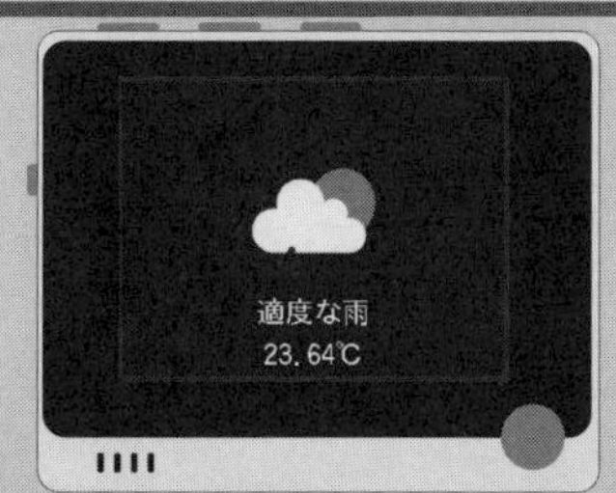

天気予報

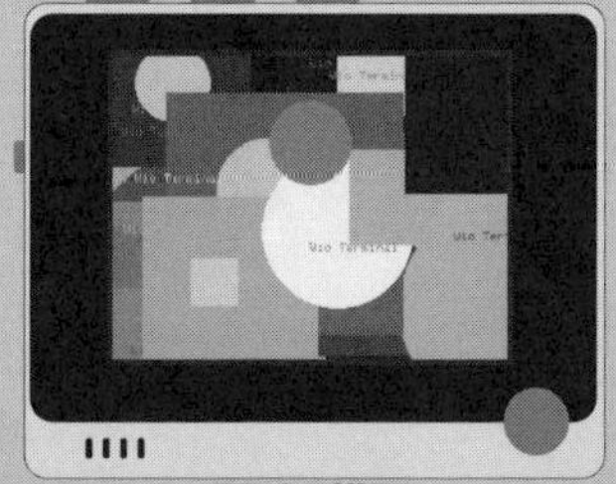
図形の描画

はじめに

「マイコンは、回路を組んだりハンダ付けしたりして難しそう！」
…そんな時代は、もう終わりました。

液晶画面付きで、スイッチやセンサも内蔵。パソコンにつなぐだけで使える「液晶付きマイコン」が登場したからです。

*

「Wio Terminal」は、Seeed社が開発した、そんな液晶付きマイコンのひとつです。

「スピーカー」「マイク」「照度センサ」「赤外線送信機」を内蔵しているので、「音を鳴らす」「明るさに応じて、何か処理する」「赤外線リモコンを作る」といったことが本体だけで実現できます。

何かセンサをつなげたいときもケーブル1本で簡単。また、「Wi-Fi」や「BLE」にも対応しているため、PCやスマホとつないで、操作することもできます。

*

本書は、こうした便利な「Wio Terminal」の基本から、それぞれの機能の使い方までを説明した書です。

「画面表示」「音を鳴らす」「ネットの情報を取得して表示する」「PCやスマホのブラウザで操作する」…など、主要な機能ごとに短い「サンプル・プログラム」を提示。

読者の皆さんが、それらを組み合わせることで、「作りたいものを作れるようになること」を目指しました。

サンプルを組み合わせて、是非、「作りたいもの」を形にしていってみてください。

大澤文孝

謝 辞

本書の制作に際し、「Wio Terminal」の開発元であるSeeed社の皆さまには、多大なるご協力を賜りました。

また**第4章**のLovyanGFXに関しましては、作者である、らびやん氏(@lovyan03)から、多くのご助言を頂きました。

ここに深く感謝し、御礼申し上げます。

「Wio(ワイオー) Terminal(ターミナル)」ではじめるカンタン電子工作

CONTENTS

サンプル・プログラムについて

本書の「サンプル・プログラム」は、工学社ホームページのサポートコーナーからダウンロードできます。

<工学社ホームページ>

https://www.kohgakusha.co.jp/support.html

ダウンロードしたファイルを解凍するには、下記のパスワードを入力してください。

3Q5EmFAH

すべて「半角」で、「大文字」「小文字」を間違えないように入力してください。

●各製品名は、一般的に各社の登録商標または商標ですが、®およびTMは省略しています。

第1章

Wio Terminalとは

「Wio Terminal」(ワイオー・ターミナル)は、Seeed社が開発した液晶付きマイコンです。

この章では、「Wio Terminal」がどのようなもので、何ができるのか、その概要を説明します。

1-1 Wio Terminalの外形と機能

「Wio Terminal」は、2.4インチ液晶を搭載した小型のマイコンです(図1-1、図1-2)。

主なスペックを表1-1に示します。

表1-1 Wio Terminalの主なスペック

項　目	スペック
CPU	ARM Cortex-M4F
プログラム・メモリ	512KB
外部フラッシュ	4MB
RAM	192KB
液晶	2.4インチ。320×240。ILI9341
Wi-Fi	2.4GHz/5GHz対応
Bluetooth	BLE 5.0
加速度センサ	LIS3DHTR
マイク	内蔵
スピーカー	内蔵
光センサ	内蔵
赤外線送信	内蔵
microSD	16GBまで対応
Groveインターフェイス	2つ
GPIO	40ピン(Raspberry Pi互換)
5方向スイッチ	1つ
押しボタンスイッチ	3つ
内蔵LED	1つ

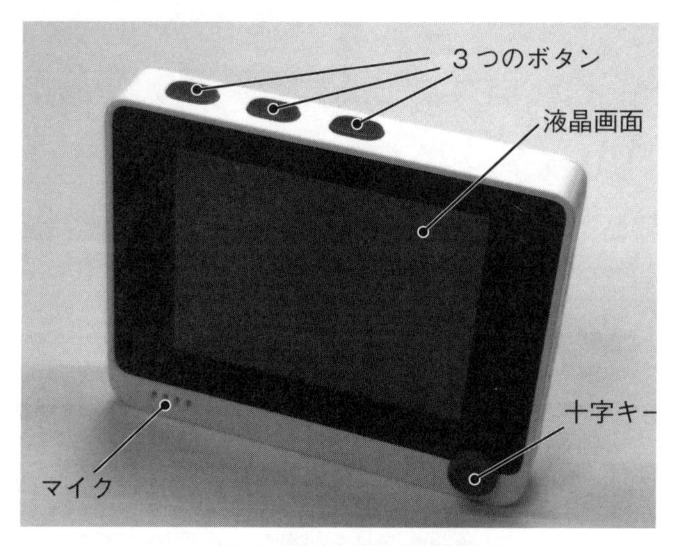

図1-1　Wio Terminalの前面

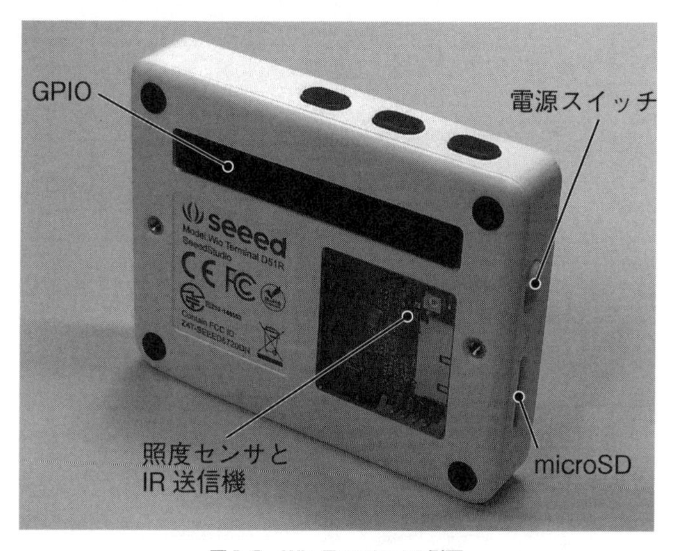

図1-2　Wio Terminalの側面

■ 入力ボタン

前面右下には「十字ボタン」があり、「上下左右＋押し込み」の５入力できます。

また、側面には3つの「押しボタン」が付いています。

これらのボタンは「オン」「オフ」のスイッチとして動作します。

「十字ボタン」は、その方向へ押し込むのではなく、スライドして移動する動きです（**図1-3**）。

図1-3　十字ボタン

■ 液晶画面

液晶は、「320×240ドット」の「カラー液晶」です。

小型マイコンによく使われる「ILI9341」というLSIを使って制御しており、制御するライブラリが豊富です。

■ 無線LANとBLE

「無線LAN」や「BLE」に対応しており、インターネットと通信したり、パソコンやスマホとつないでBLE周辺機器として使ったりできます。

無線LANは、「2.4GHz」と「5GHz」の両対応です。

■ 各種センサ、スピーカー、マイク、赤外線通信

「Wio Terminal」は、次のセンサを内蔵しています。

・加速度センサ(LIS3DHTR)
・光センサ(照度センサ)

また、「マイク」と「スピーカー」を搭載しており、音声を扱うこともできます。

さらに、「赤外線送信モジュール」も搭載しているので、「赤外線リモコン」として動かすこともできます(図1-4)。

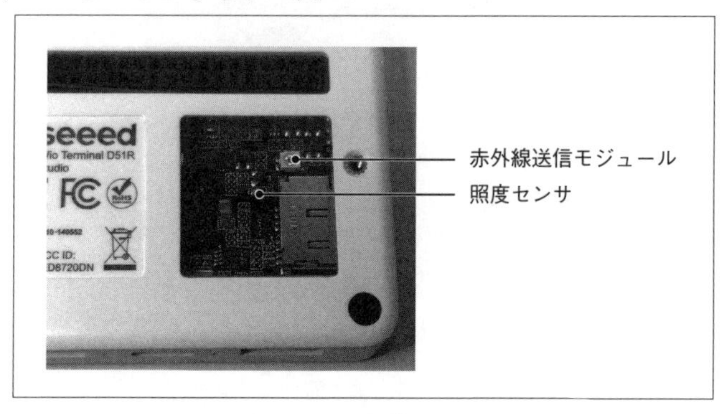

図1-4　光センサと赤外線送信モジュール

■ microSDカード

本体側面には、「microSDカードスロット」があり、microSDカードを装着できます。

「microSDカードに画像ファイルを保存しておいて、それを液晶画面に表示する」とか、「センサやマイクなどで収集したデータをmicroSDカードに保存する」、といった用途に利用できます(図1-5)。

図1-5　microSDを装着できる
(押し込むと完全に入ります)

■ Grove端子

本体底面には、「Grove端子」があり、Seeed社が提唱する「Groveモジュール」を接続できます。

左側が「I2Cモジュール用」で、右側が「アナログ／デジタル用」です(**図1-6**)。

詳しくは**第6章**で説明しますが、さまざまなセンサなどがGroveモジュールとして提供されているため、機能拡張が容易です。

※対応するのは「3.3V」で動作するものに限ります。
「5V」でしか動作しない「Groveモジュール」には対応していません。

図1-6　センサなどをつなぐことができるGrove端子

■ GPIO

背面には、40ピンの「GPIO端子」があり、ここには、自作のハードウェアなどを接続して制御できます(図1-7)。

この「GPIO端子」は「Raspberry Pi」と互換です。

[メモ]

「Raspberry Pi」に関連する実例としては、他にも「USB接続のHMIディスプレイを作る」という作例があります。

https://wiki.seeedstudio.com/jp/Wio-Terminal-HMI/

図1-7 GPIO

1-2 Wio Terminalで開発するには

「Wio Terminal」は、CPUとしてARM社の「Cortex-M4F」を採用しています。開発環境として、次の2つの環境が提供されています。

① Arduino環境
「Arduino IDE」を使って開発します。

② MicroPython環境
「MicroPython」を使って開発します。

本書では、①の「Arduino環境」を使って開発する方法を説明します。

■ Wikiページにはたくさんの情報がある

Seeed社は、「Wio Terminal用」の多数の便利な「ライブラリ」と「サンプル・プログラム」を提供しています。

下記のWikiページに、そうした情報があるので、分からないことがあったときは、このページを参照しましょう(図1-8)。

本書で説明しているサンプルや作例は、このページに書かれているものを応用したものがほとんどです。

【Wio TerminalのWikiページ】

https://wiki.seeedstudio.com/Wio-Terminal-Getting-Started/

なお、ページを見るときは、表示言語に注意してください。

ページは右上のメニューから、「日本語」「英語」「中国語」などを切り替えられるようになっていますが、言語によって情報量が大きく違います。

本記事の執筆時点では、「英語」がもっとも情報が多かったので、できれば英語ページを見るようにしてください。

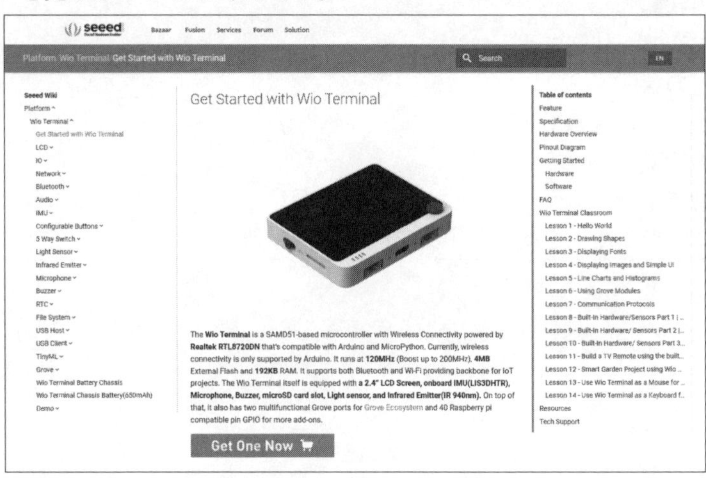

図1-8　Wio TerminalのWikiページ

1-3 電源スイッチ

「Wio Terminal」の電源スイッチは側面にあり、「上」「中央」「下」の3つの状態をとります(図1-9)。

詳しくは、「2-4 Lチカで動作テストする」で説明しますが、少し分かりにくいので、先に説明しておきます。

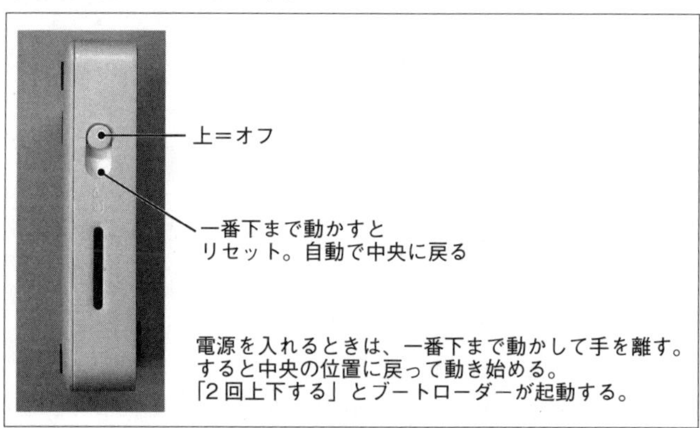

図1-9 電源スイッチ

・**「上」の状態**
電源が切れた状態です。

・**「中央」の状態**
電源が入った状態です。

・**「下」の状態**
再起動です。
「下」に動かして手を離すと中央に戻り、再起動します。

■ リセット操作

「下」に一度下げてから中央に戻すと(手を離すと中央に戻ります)、「Wio Terminal」が「リセット」します(図1-10)。

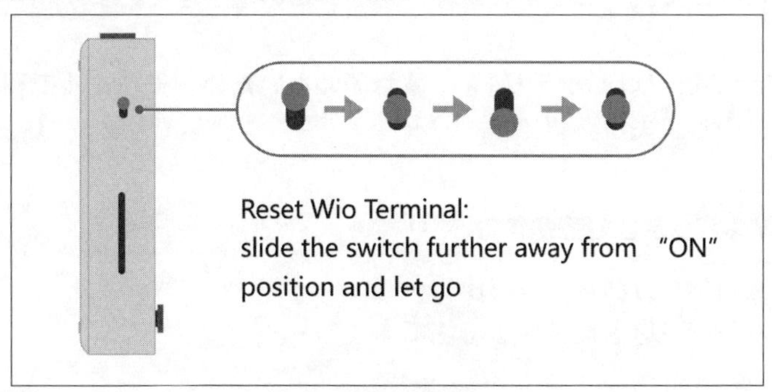

図1-10 リセット操作

■ ブートローダーに入る

「中央」と「下」は、2回連続して再起動操作をすると、「ブートローダー」に入ることができます(図1-11)。

「Wio Terminal」がクラッシュしたり、パソコンから「Wio Terminal」が見えなくなってしまったときは、「ブートローダー」に入ると、復活できます。

「ブートローダー」に入ると、「青色LED」がゆっくりと(ふわっと蛍のように)点滅します。

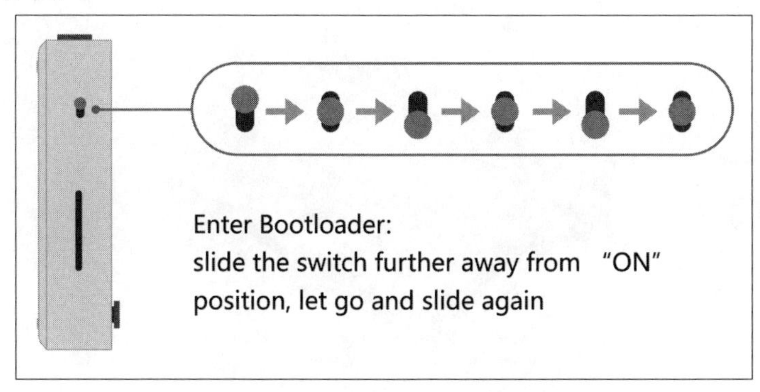

図1-11 ブートローダーに入る操作

1-4 電源の供給

「Wio Terminal」には、「USB Type-C」のコネクタがあり、開発時にはこの端子でパソコンに接続するほか、電源供給も、この端子を使います。

「Wio Terminal」は「バッテリ」を搭載していないため、モバイルで利用したいときには、少し工夫が必要です。

■ モバイルバッテリで稼働する

もっとも簡単な方法が、「USB Type-Cコネクタ」にスマホなどの充電に使う「モバイルバッテリ」を接続する方法です。

もちろん「モバイルバッテリ」ではなく、スマホなどの「充電器」からの給電も可能です。

■ バッテリベースを使う

「Wio Terminal」には、背面にドッキングさせて使う「バッテリベース(650mAh)」が発売されています。

これを背面に装着すると、USB Type-Cコネクタから充電して使えます(図1-11)。

また、「バッテリベース」には、「Grove端子」を増やすコネクタも付いています。

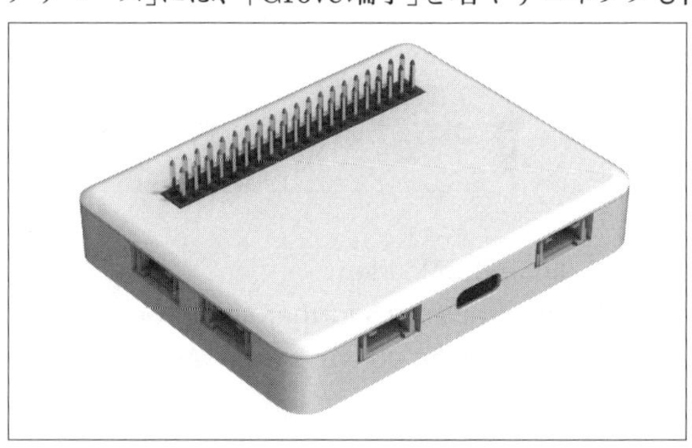

図1-12 バッテリベース

[メモ]

バッテリベースには、給電を「オン」「オフ」する電源ボタンがあります。
「オフ」にすると「Wio Terminal」への電源供給を停止できます。
抜き差しするときは、給電を「オフ」にするようにしてください。

■ GPIOから給電する

その他の方法として、背面の「GPIO」から給電する方法もあります。

1-5 本書の構成と目的

本書は、Wio Terminalを使って、さまざまな電子工作を作ることを目的とした書です。

さまざまな短いサンプル・プログラムを提示することで、それぞれの機能を使って実際に動くものを作っていきます。

*

本書で紹介するサンプルは、できるだけ短く、かつ、応用が利くよう、汎用的に、かつ、組み合わせができるように構成したつもりです。

たとえば、「LEDを光らせる部分を、LEDではなくてブザーを鳴らしてみる」とか「温度センサの値をブラウザで見られるようにするプログラムを改良して、光センサの値を見られるようにする」など、自分の目的に応じて、サンプルを組み合わせて電子工作を楽しんでみてください。

*

第1章から第5章までは、「Wio Terminalだけで実現できる内容」としており、「パソコンとWio Terminal」以外に用意するものはありません。

また、本書では、電子工作といえども、「Grove」と呼ばれるコネクタで簡単に接続できるセンサなどを使っているため、ハンダ付けは不要で、ブレッドボードなども必要ありません。

ですから、はじめての人でも、準備するものが少なく、すぐに楽しめるはずです。
続く**第2章**は「環境構築」です。

ここでは「Arduino IDE」のインストールとセットアップ、「Wio Terminal」の電源を入れて、「Lチカ」(LEDをチカチカさせること)をしていきます。

*

第3章と**第4章**では、液晶に「文字」を表示したり、「スイッチの状態」を読み込んだりする方法を説明します。

そして**第5章**では、「スピーカー」や「マイク」「加速度センサ」「照度センサ」「赤外線送信」など、本章で説明した「Wio Terminal」に内蔵されている機能の使い方全般を紹介します。

*

第6章以降は、応用です。

第6章では、「Grove」という規格のモジュールを使って、「温度センサ」を使って温湿度を計測するほか、「IR受信機」を使って、赤外線学習リモコンを作ります。

第7章は「ネットワーク」。
「Wi-Fi」に接続して、インターネットの情報を取得して液晶に表示したり、パソコンやスマホのブラウザから「Wio Terminal」に接続して、操作できるようにする方法を説明します。

第8章は「USB」と「BLE」(Bluetooth Low Energy)です。
「Wio Terminal」を「USBキーボード」や「USBマウス」として使う方法を説明します。

実例として、「Wio Terminal」のボタンを押すと、「PrintScreenキー」が押されたことになって、画面キャプチャができる、という「専用キーボード」を作ります。
また、「十字キー」でマウスを動かす「擬似的なマウス」も作成します。

そして「BLE」では、簡単な例として、スマホから操作すると、離れたところから「Wio Terminal」の液晶の色が変わるというサンプルを示します。
サンプルとして提示するのは、色を変えるだけですが、応用すれば、「LEDが付く」「音が鳴る」といった制御はもちろん、「Wio Terminalに接続したセンサから得た、温度や湿度などの状態をスマホで確認する」といったこともできるようになるはずです。

第2章

Wio Terminalの開発環境を整える

この章では、「Arduino IDE」や「ライブラリ」をセットアップして、「Wio Terminal」の開発環境を整えていきます。

2-1 Arduino IDEをセットアップする

本書では、開発環境として、「Arduino IDE」を使います。
まずは、「Arduino IDE」をダウンロードしてインストールしましょう。

ここでは、Windowsの場合を例にして説明します。

手 順 Arduino IDEをセットアップする

[1] Arduino IDEのダウンロード

まずは、「Arduino IDE」のサイトにアクセスし、「Arduino IDE」をダウンロードします。

ここではWindows版の「Windows Installer, for Windows 7 and up」をクリックしてダウンロードします(図2-1)。

【Arduino IDEダウンロード】

https://www.arduino.cc/en/Main/Software

[メモ]

「Windows app Win8.1 or 10」をクリックして、Windowsストア版をインストールしてもかまいません。

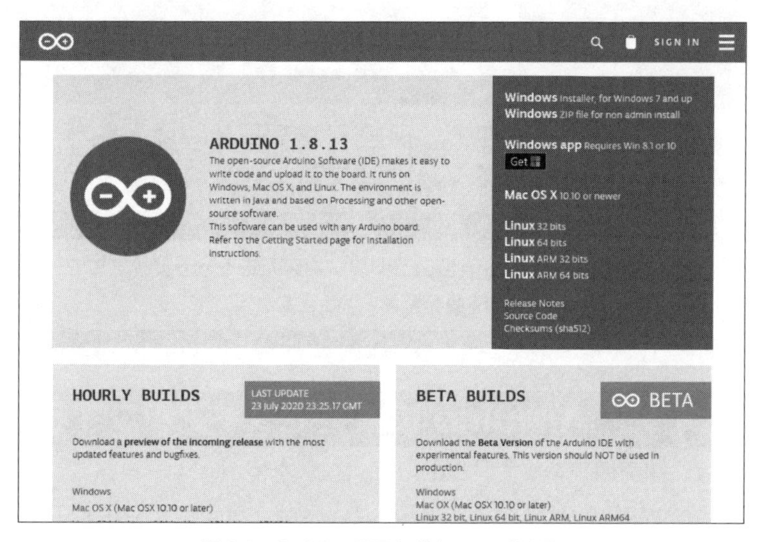

図2-1　Arduino IDEをダウンロードする

[2]　インストールをはじめる

手順**[1]**でダウンロードしたファイルを実行します。

最初に、利用規約が表示され、同意するかを尋ねられるので、[I Agree] ボタンをクリックします(図2-2)。

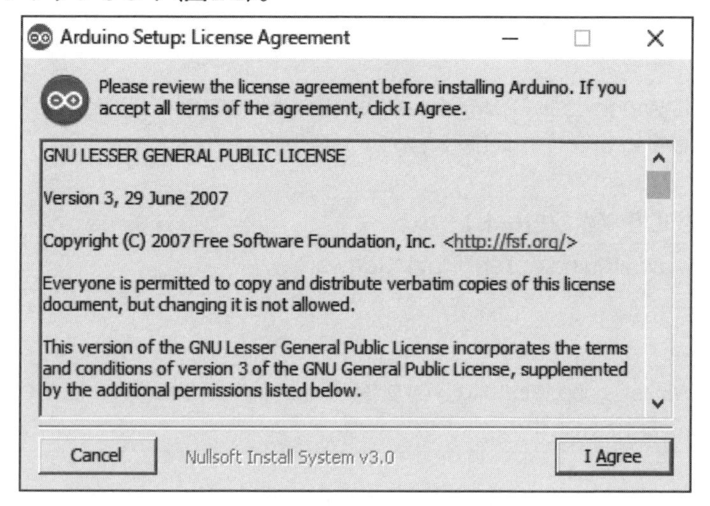

図2-2　[I Agree]ボタンをクリックする

[3]　インストールするものを決める

インストールするものや、ショートカットを作るかなどの設定を決めます。

既定では、すべてにチェックが付いていて、含まれる構成すべてをセットアップするようになっているので、そのまま[Next]ボタンをクリックして先に進みます(図2-3)。

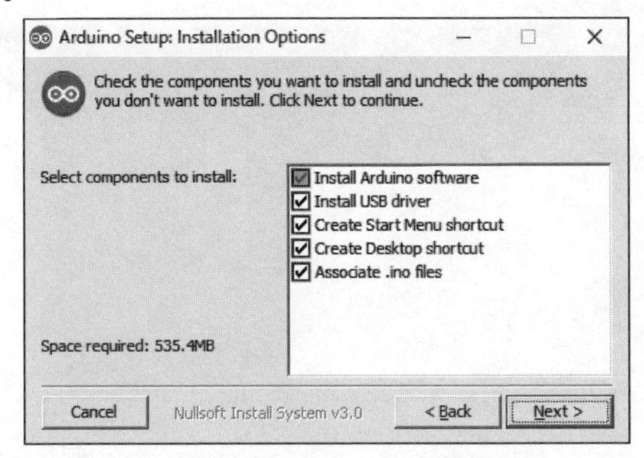

図2-3　[Next]ボタンをクリックする

[4]　インストール先を設定する

インストール先を設定します。

既定では「C:¥Program Files」以下にインストールするように構成されているので、そのまま[Install]ボタンをクリックします(図2-4)。

すると、インストールが始まります。

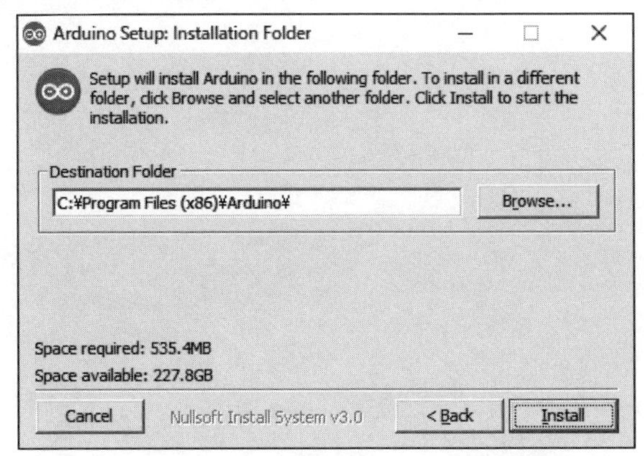

図2-4　[Install]ボタンをクリックする

[5]　インストールの完了

　インストールが完了したら、[Close] ボタンをクリックして閉じます(図2-5)。

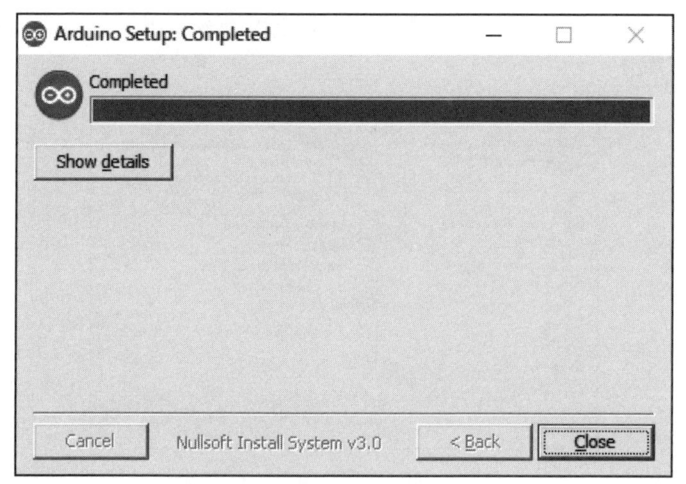

図2-5　[Close]ボタンをクリックする

2-2 Wio Terminalの開発環境を整える

「Arduino IDE」は、[スタート]メニューに[Arduino]という項目で登録されます。

この項目を選択して、「Arduino IDE」を起動し、「Wio Terminal」を利用できるようにしていきましょう。

[メモ]

> 本節の手順は、Wio Terminal公式ページの「Get Started with Wio Terminal」(https://wiki.seeedstudio.com/Wio-Terminal-Getting-Started/)に基づくものです。
> 最新の情報については、このページを参照してください。

手順 Wio Terminalを利用できるようにする

[1] Arduino IDEを起動する

Windowsの[スタート]メニューから[Arudino]をクリックし、「Arduino IDE」を起動します。

[2] 環境設定を開く

[ファイル]メニューから[環境設定]を選択します(図2-6)。

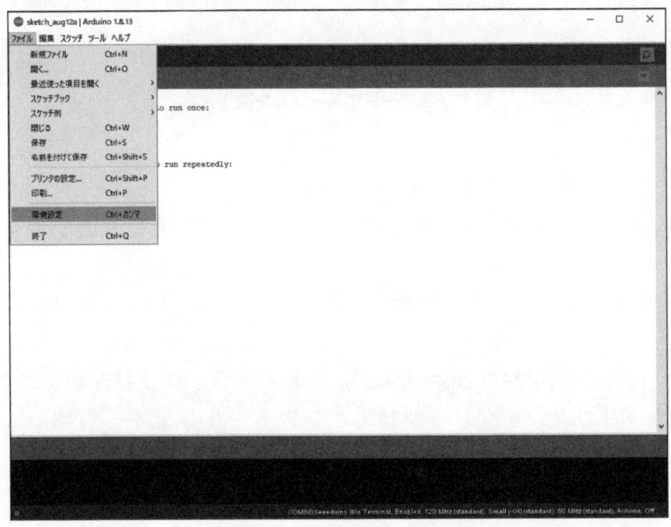

図2-6 [環境設定]を開く

[3] ボードマネージャの追加

[追加ボードマネージャのURL]に下記のURLを入力し、[OK]ボタンをクリックします(図2-7)。

【追加ボードマネージャのURL】

```
https://files.seeedstudio.com/arduino/package_seeeduino_boards_index.json
```

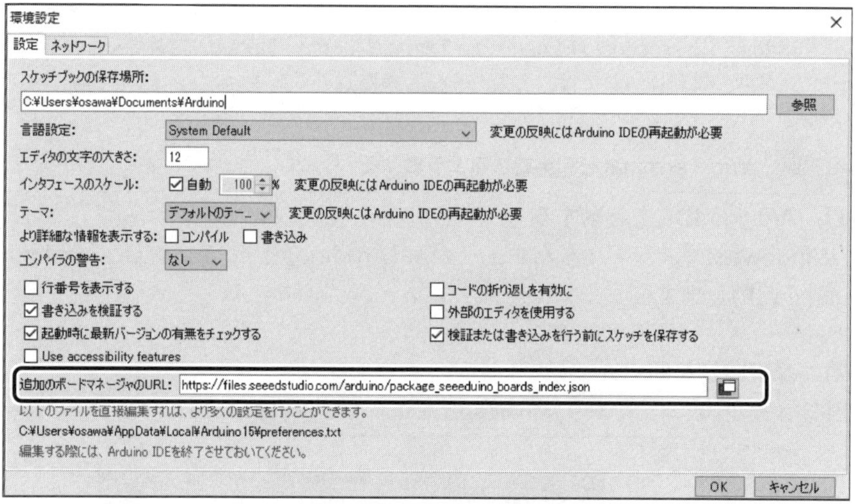

図2-7　ボードマネージャを追加する

[4] ボードライブラリをインストールする

[ツール]メニューから[ボード]—[ボードマネージャ]を選択します。

「ボードマネージャ」のウィンドウが表示されたら、「wio terminal」で検索します。

すると、「Seeed SAMD Boards」というボードライブラリが表示されるので、[インストール]ボタンをクリックしてインストールします(図2-8)。

インストールが終わったら、[閉じる]ボタンをクリックし、このウィンドウを閉じます。

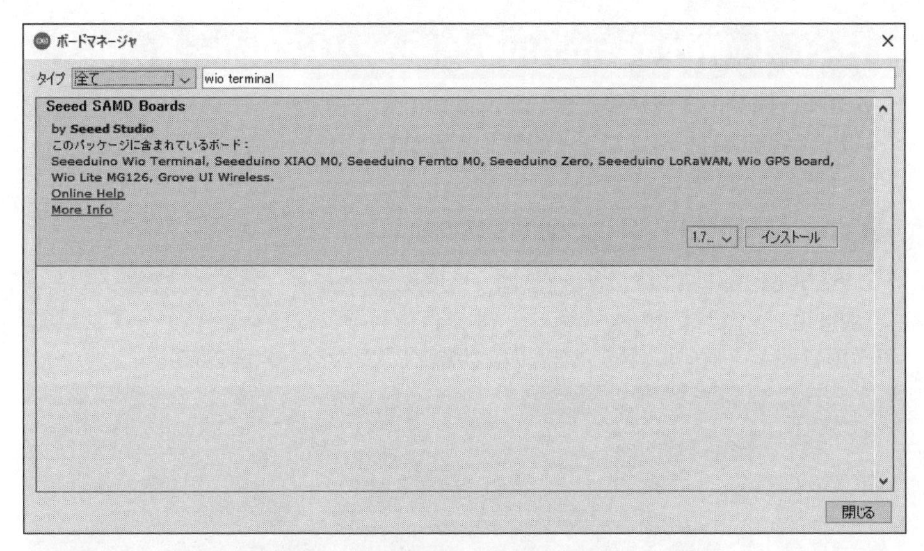

図2-8 「Seeed SAMD Boards」をインストールする

[5] 既定のボードをWio Terminalに設定する

［ツール］—［ボード］から「Wio Terminal」を選択し、既定のボードを「Wio Terminal」に切り替えます（図2-9）。

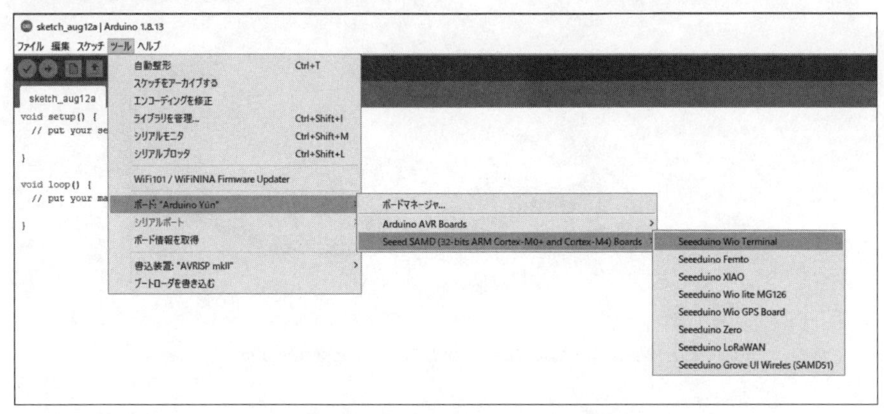

図2-9 既定のボードを「Wio Terminal」に切り替える

2-3 Wio Terminalの接続とシリアルポートの確認

これで、開発の準備が整いました。
「Wio Terminal」をパソコンと接続してみましょう。

■ Wio Terminalとパソコンとを接続する

「Wio Terminal」と「パソコン」とは、「USB Type-Cケーブル」で接続します。

「Wio Terminal付属のケーブル」、または市販の「USB Type-Cケーブル」(充電専用ではなく通信に対応したもの)で接続してください(図2-10)。

図2-10 Wio Terminalとパソコンとを接続する

■ 電源の投入

「Wio Terminal」側面の電源スイッチを、中央に動かして電源を入れます。

電源を入れると、USBコネクタ近くの「緑色のLED」が光ります(**図2-11**、**図2-12**)。

なお、はじめて起動したときは、工場出荷時に書き込まれている「右側から抵抗器が流れ出てきて、それをジャンプして避けるゲーム」が起動します(**図2-13**)。

[メモ]

電源スイッチは「上」「中央」「下」の３つの状態があります。
「上」が電源オフ、「中央」が電源オンです。
「下」は再起動したいときに使います(「**1-3　電源スイッチ**」参照)。

[メモ]

工場出荷時のゲームは、もちろん、何か自作のプログラムを書き込むと消えてしまいます。

もう一度書き込むには、「jumper」というサンプルをダウンロードして書き込みます。

【Jumper】

https://github.com/Seeed-Studio/Seeed_Arduino_Sketchbook/tree/master/examples/jumper

「jumper」のコンパイルには、「Adafruit ZeroTimer ライブラリ」が必要です。

【Adafruit ZeroTimerライブラリ】

https://github.com/adafruit/Adafruit_ZeroTimer

図2-11　電源を入れる

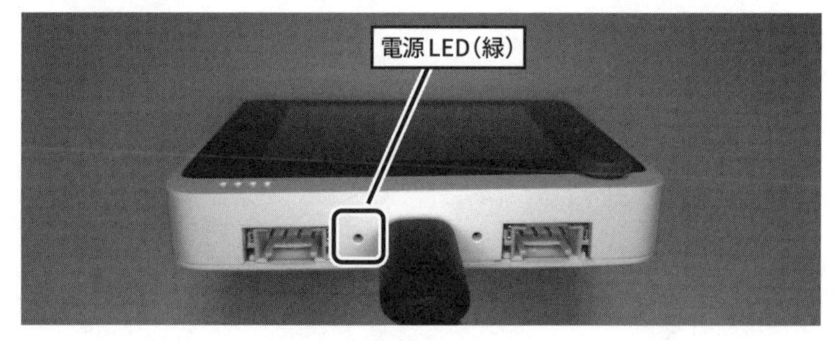

図2-12　緑色のLEDが光る

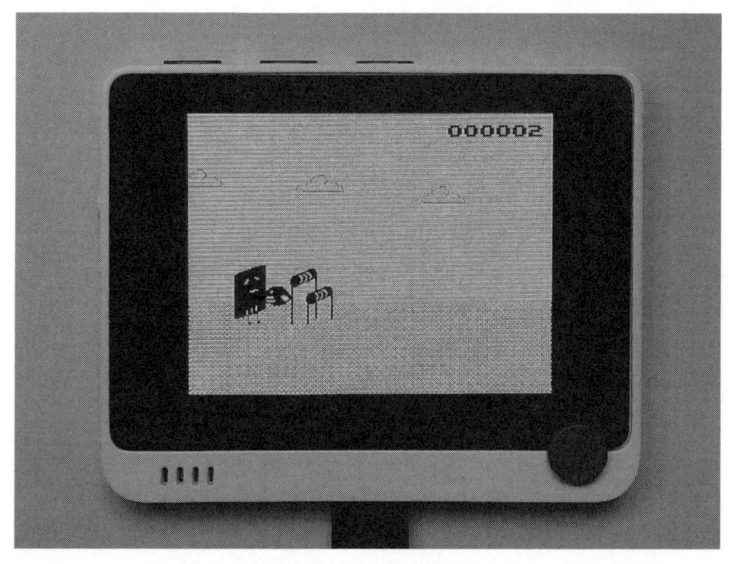

図2-13　工場出荷時に書き込まれているゲーム

■ シリアルポートの切り替え

「Wio Terminal」とパソコンとは、**「シリアルポート」**(COMポート)という接続方法で接続します。

「Arduino IDE」では、[ツール]メニューの[シリアルポート]から、どこに接続した機器を操作するのかを選択します。

「Wio Termainl」を接続してつなぎ、電源を入れた状態で[ツール]メニューから[シリアルポート]を選択すると、[COMなんとか(Seeeduino Wio Terminal)]という項目があるので、それを選択します。

図2-14では、「COM3」となっていますが、この部分は環境に依存し、「COM4」とか「COM5」など、別の番号になっていることもあります。

いずれにせよ、「Seeeduino Wio Terminal」と書かれているものを選択してください。

もし該当のものがなければ、「Wio Terminal」の電源を入れ直したり、一度、ケーブルを抜いて、刺し直したりしてください。

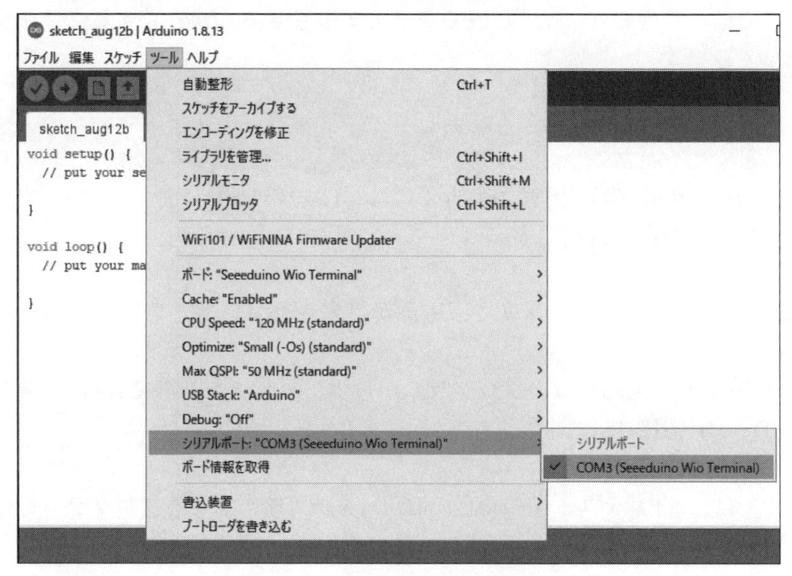

図2-14　シリアルポートを切り替える

■ 挙動がおかしいときはシリアルポートを確認する

基本的に、シリアルポートの選択操作は、一度だけ設定すれば充分です。

しかし、「Wio Terminal」の電源を入れ直したときや再起動したときに、「COM4」や「COM5」など、別のポートに変わることがあります。
そのような場合は、以降説明するプログラムの書き込み操作に失敗してしまいます。

もしうまくいかなくなったときには、シリアルポートの設定を確認して、再設定してください。

2-4 「Lチカ」で動作テストする

これで開発環境が整い、「Wio Terminal」がパソコンに接続され、電源が入った状態になっているはずです。

さっそく簡単なプログラムを作って、動作テストしてみましょう。

ここでは、定番の「Lチカ」(「LEDをチカチカさせる」の略)をするプログラムを作ってみます。

■ テスト用のLED

「Wio Terminal」のUSB端子の近くには、「2つのLED」が付いています。左側が「緑色」、右側が「青」です。

「緑色のLED」は電源ランプで、電源が投入されているときは光りっぱなしのものです。
対して「青色のLED」は、プログラムからオン・オフを制御できる「テスト用のLED」です(図2-15)。

ここでは、この「テスト用の青色のLED」をチカチカさせるプログラムを作ってみます。

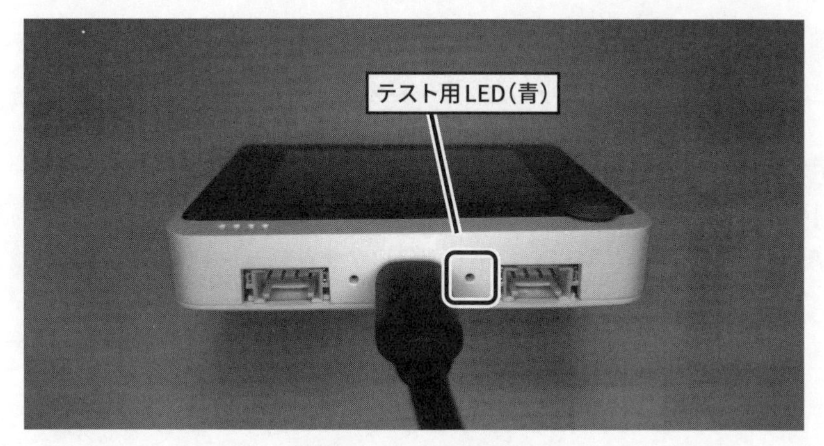

図2-15　テスト用のLED

■ Lチカするプログラムの例

テスト用のLEDをチカチカさせるプログラムの例を、**リスト2-1**に示します。

リスト2-1　Lチカするプログラムの例

```
void setup() {
    pinMode(13, OUTPUT);
}

void loop() {
    digitalWrite(13, HIGH);
    delay(1000);

    digitalWrite(13, LOW);
    delay(1000);
}
```

■ プログラムの入力、書き込みから実行まで

リスト2-1のプログラムを入力して実行するまでの流れは、次の通りです。

手 順　プログラムを入力して実行する

[1]　プログラムを入力する

Arduino IDEで、リスト2-1に示したプログラムを入力する(図2-16)。

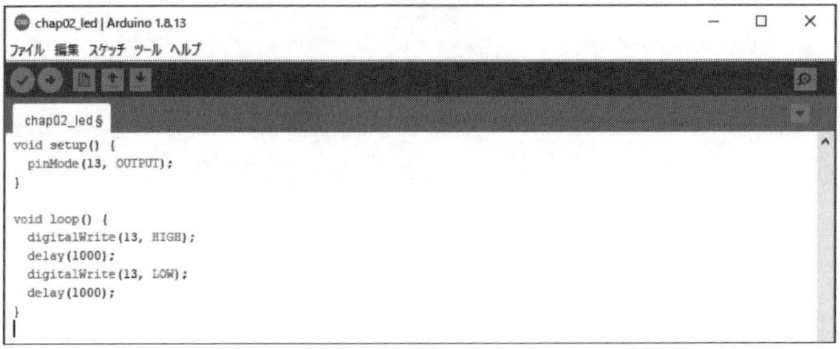

chap02_led | Arduino 1.8.13
ファイル 編集 スケッチ ツール ヘルプ
chap02_led §
void setup() {
pinMode(13, OUTPUT);
}
void loop() {
digitalWrite(13, HIGH);
delay(1000);
digitalWrite(13, LOW);
delay(1000);
}

図2-16　プログラムを入力する

[2]　プログラムの書き込み

[スケッチ]メニューから[マイコンボードに書き込む]を選択(図2-17)。

すると画面下に「スケッチをコンパイルしています」と表示され、さらに「マイコンボードに書き込んでいます」と表示される(図2-18)。

そのあと、「エクスプローラ」が一瞬開いて、「Wio Terminal」へとプログラムが書き込まれる。

chap02_led | Arduino 1.8.13
ファイル 編集 スケッチ ツール ヘルプ
検証・コンパイル Ctrl+R
マイコンボードに書き込む Ctrl+U
書込装置を使って書き込む Ctrl+Shift+U
コンパイルしたバイナリを出力 Ctrl+Alt+S
スケッチのフォルダを表示 Ctrl+K
ライブラリをインクルード
ファイルを追加...
void setup
pinMode
void loop
delay(1000);
digitalWrite(13, LOW);
delay(1000);

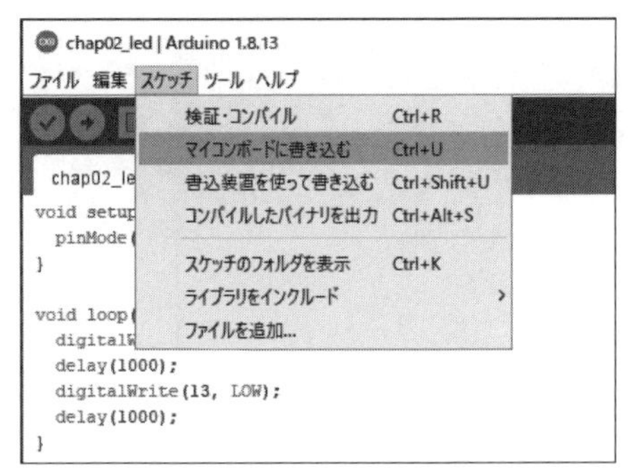

図2-17　マイコンボードに書き込む

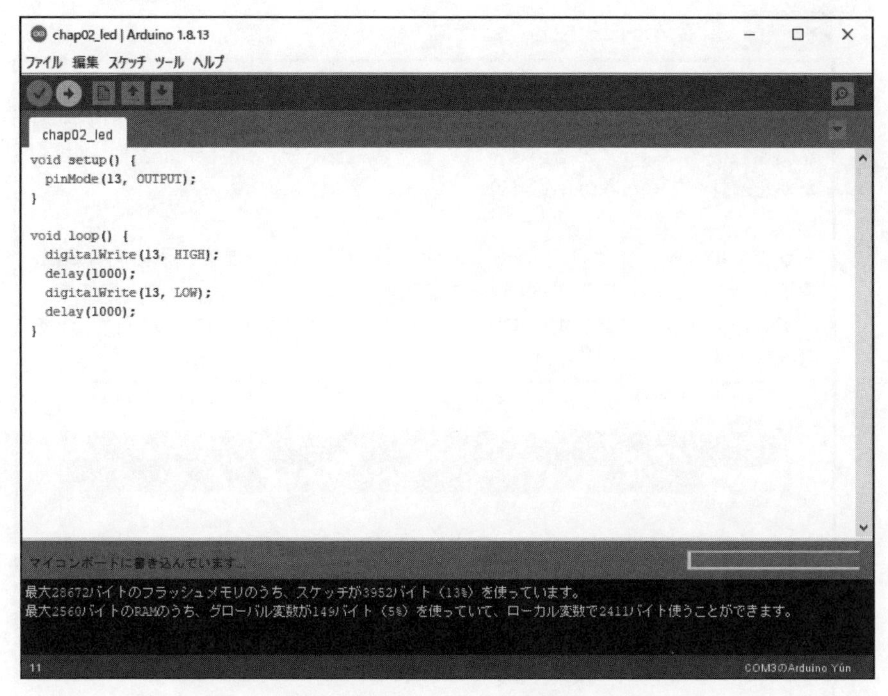

図2-18　Wio Terminalにプログラムを書き込んでいるところ

[3]　実行する

書き込みが完了すると、「Wio Terminal」に再起動がかかり、書き込んだプログラムが実行される。

このプログラムは、LEDをチカチカさせるプログラムなので、実行によって、USBコネクタ近くの青色のLEDが、チカチカ点滅します。

コラム 書き込みに失敗したときは

「指定されたポートには、ボードが接続されていません」や「No device found on COM3」のようなメッセージが表示されるときは、「シリアルポートの番号」が間違っていないか、あるいは、ボードマネージャで「Wio Terminal」を選択したかを確認してください(図2-19)。

うまくいかないときは、「Wio Terminal」の電源スイッチを、下方向に2回、連続で動かす操作をしてブートローダを起動します。

すると、別のシリアルポートにつながるので、その新しいシリアルポートを選択して試してみてください。

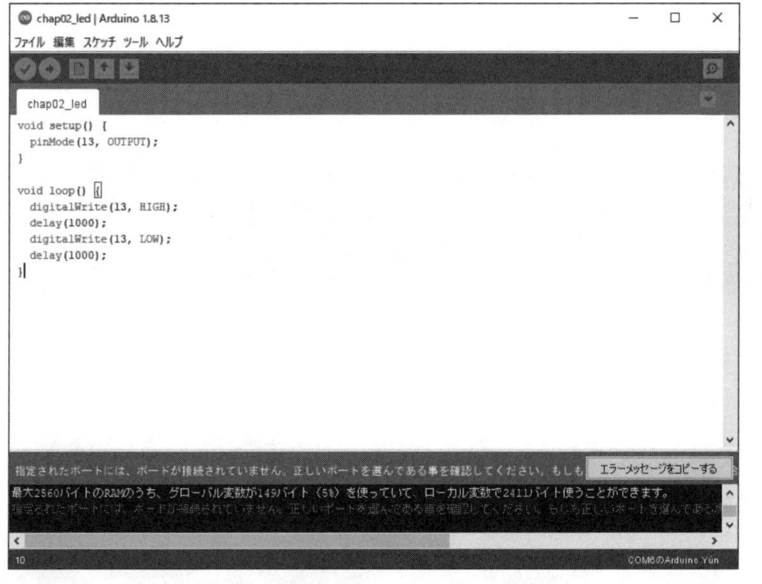

図2-19　ポートが間違っている、もしくは、Wio Terminalの電源が入っていないときなどに発生するエラーの例

■ プログラムはWio Terminalに保存される

以上で、「Lチカ」の実験は終わりです。

このまま終わりにするなら、「Wio Terminal」の電源を切って、USBケーブルを抜いてかまいません。

書き込んだプログラムは、「Wio Terminal」に保存され、次回、電源を投入したときは、そのプログラムが実行されます。

すなわち、次回、パソコンに接続して電源を入れたときには、「LEDがチカチカする」という動作をします。

また、パソコンに接続せずに、「Wio Terminal」のバッテリベースに接続したときや、USBケーブルからスマホ用の充電器やモバイルバッテリなど給電したときにも、同じように「LEDがチカチカする」という動作をします。
つまり、一度プログラムを書き込めば、それを実行するのに、パソコンに接続する必要はありません。

■ プログラムの基本的な書き方

「Lチカ」のプログラムが動いたので、どのようなプログラムの構造なのかを簡単に説明します。

なお、本書は「Arduino」の入門書ではないため、「Arduino」の基本的な文法についての解説はしません。
「Arduino」のプログラムが、ある程度理解できて、真似をすれば少し改良ができる程度の説明をします。

「Arduino」についてまったく知らない人や「Arduino自体」を習得したい人は、別途、「Arduinoの入門書」を参照してください。

● Arduino言語の文法

プログラムは、「C/C++」をベースにした「Arduino言語」を使って記述します。
言語仕様については、下記のリファレンスを参照してください。

【Arduino言語リファレンス】

https://www.arduino.cc/reference/en/

● setup関数とloop関数

「Arduino」のプログラムには、「setup関数」と「loop関数」の2つの関数があります。

① setup関数
最初に1回だけ、実行される関数です。
初期化処理などを、ここに記述します。

② loop関数
何度も繰り返し実行される関数です。

「loop関数」は、とても高速に何回も実行されるため、多くの場合、「ちょっと待つ」ために、「delay関数」を使います。

「loop関数を実行」「ちょっと待つ」「loop関数を実行」「ちょっと待つ」･･･、というように、ちょっと待ちながら、この部分が繰り返し実行されるようにプログラムを作るのが一般的です。

「delay関数」については、後述します。

```
void setup() {
  // 1度だけ実行したい処理を書く(たとえば初期化)
}

void loop() {
  // 繰り返し実行したい処理を書く
```

```
  // 最後はdelay関数を使うなどして、「ちょっと待つ」
  delay(1000);    // 1000は1000ミリ秒＝1秒のこと
}
```

●GPIOの初期化

LEDは、「GPIO」と呼ばれる、マイコンから入出力する汎用インターフェースに接続されています。

・GPIOの番号

GPIOには、「番号」が付いていて、「LED」をはじめ、「各種スイッチ」や「スピーカー」「マイク」「液晶画面」など、さまざまなデバイスが接続されています。

どこに何が接続されているかは「**Appendix A**」に示しますが、ここで利用している「テスト用の青いLED」は、GPIOの「13番」に接続されています。

・GPIOの初期化

GPIOは、使用する前に、「入力」「出力」「入力プルアップ」の、どの動作モードにするのかを設定しなければなりません。

・入力（INPUT）

入力用に設定します。

たとえば、「スイッチ」などを接続しているときに使います。

・出力（OUTPUT）

出力用に設定します。

たとえば、「LED」などを接続しているときに使います。

・入力プルアップ（INPUT_PULLUP）

入力用に設定しますが、開放されているとき（どこにも接続されていないとき）には、電源につないだ状態にする「プルアップ動作」にします。

動作モードを設定するには、「**pinMode関数**」を使います。

ここでは、13番ピンを「出力」にするため、「setup関数」の中で、次の処理を実行しています。

```
void setup() {
  pinMode(13, OUTPUT);
}
```

すでに説明したように、「setup関数」は、最初に1回だけ実行される関数です。

そのため、この「pinMode(13, OUTPUT)」が最初に実行され、13番ピンが出力用として設定されます。

● GPIOへの出力

「**digitalWrite関数**」を使うと、GPIOのピンを「オン」「オフ」できます。

オンは「**HIGH**」、オフは「**LOW**」を指定します。

【オン】

```
digitalWrite(13, HIGH);
```

【オフ】

```
digitalWrite(13, LOW);
```

●一定時間待つdelay

「**delay関数**」を使うと、一定時間待つことができます。

「引数(ひきすう)」(カッコの中の値のこと)には、待ち時間を「ミリ秒(1000分の1秒のこと)」の単位で指定します。

1秒待ちたいのであれば、「1000」を指定します。

「Lチカのプログラム」では、「loop関数」を次のように記述しています。

```
void loop() {
  digitalWrite(13, HIGH);
  delay(1000);
  digitalWrite(13, LOW);
  delay(1000);
}
```

「loop関数」は、何度も繰り返し実行される関数です。

上記では、それぞれの行が、

①13番ピンを「HIGH」に設定→LEDが点く
②1000ミリ秒(＝1秒)待つ
③13番ピンを「LOW」に設定→LEDが消える
④1000ミリ秒(＝1秒)待つ

と、いう動作に対応しています。

この結果、「1秒ごとにLEDが点いたり消えたりを繰り返す」という動作をします。

第3章

画面表示とボタンの基本

「Wio Terminal」には液晶画面があり、ボタンもいくつか装備しています。
この章では、「液晶画面に文字を表示する方法」や、「ボタンが押されたかどうかを判定する方法」を説明します。

3-1 液晶画面で「Hello World」

まずは、液晶画面に文字を表示する方法を説明します。

■ 液晶表示するライブラリ

「Wio Terminal」で液晶表示する標準的な方法は、Seeed社が提供する「Seeed-Arduino-LCDライブラリ」を使うことです。

【Seeed-Arduino-LCDライブラリ】

https://github.com/Seeed-Studio/Seeed_Arduino_LCD

このライブラリは、液晶制御によく使われる「TFT_eSPI」をフォーク（派生）して作られたものです。

【TFT_eSPI】

https://github.com/Bodmer/TFT_eSPI

このライブラリは、「Wio Terminalボードライブラリ」に含まれており、追加でインストールしなくても利用できます。

[メモ]

ライブラリの更新などをしたいときは、「https://github.com/Seeed-Studio/Seeed_Arduino_LCD」からZIP形式でダウンロードし、「Arduino IDE」の[スケッチ]—[ライブラリをインクルード]—[.ZIP形式のライブラリをインストール]を選択してインストールします。

■「Hello World」の例

リスト3-1に、液晶画面に「Hello World」と表示する例を示します。

実行すると、**図3-1**に示すように、画面に「Hello World」と表示されます。

リスト3-1　「Hello World」と表示する例

```
#include "TFT_eSPI.h"
TFT_eSPI tft;

void setup() {
  // 液晶の初期化
  tft.begin();
  // 向きの設定
  tft.setRotation(3);
  // 黒で塗りつぶし
  tft.fillScreen(TFT_BLACK);
  // メッセージ出力
  tft.println("Hello World");
}

void loop() {
}
```

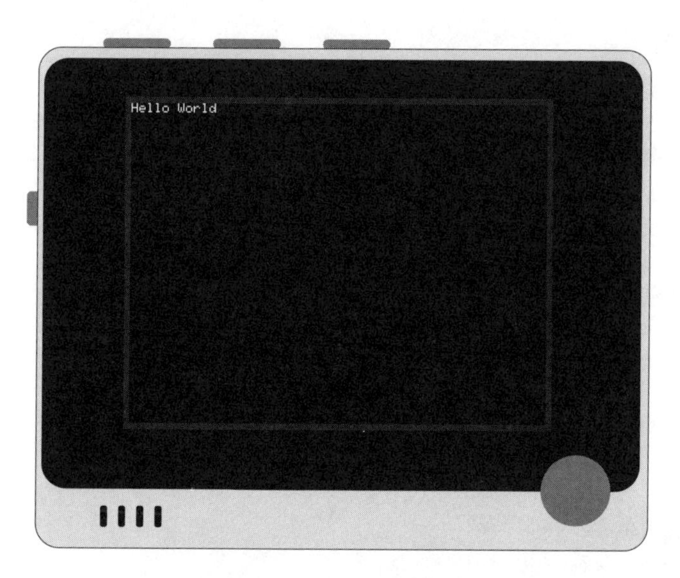

図3-1 リスト3-1の実行結果

■ 液晶操作の基本

このプログラムは、次のように動作します。

● ライブラリのインクルードと変数の設定

まずは、ライブラリをインクルードします。

そして「TFT_eSPI」型の変数を用意します。
ここでは変数名を「tft」としました。

以降の処理では、この変数を使って、「**tft.メソッド名**」のように表記して、描画などの処理をしていきます。

```
#include "TFT_eSPI.h"
TFT_eSPI tft;
```

● ライブラリの初期化

最初に、ライブラリを初期化します。

```
tft.begin();
```

● 液晶の向きの設定

続いて、「setRotationメソッド」を実行して「液晶の向き」を設定します。

「3」を設定すると、「Wio Terminal」を横に置いたときの標準の向きになります。

「0」と設定することで、90度回転させた向きにすることもできます。

```
tft.setRotation(3);
```

● 画面の塗りつぶし

必須ではありませんが、最初に画面をクリアしておいたほうがよいでしょう。

「fillScreenメソッド」を実行すると、指定した色で液晶全体を塗れます。

ここでは「TFT_BLACK(黒色)」を指定して、全体を黒で塗りました。

```
tft.fillScreen(TFT_BLACK);
```

● 文字列の出力

文字列を出力する方法は、いくつかあります。

もっとも基本的な方法は、「printlnメソッド」と「printメソッド」です。

前者は改行あり、後者は改行なしで文字列を出力できます。

どちらのメソッドも、文字列が長くて液晶画面の右端に達したときは折り返して表示されます。

ここでは、「printlnメソッド」を使って、「Hello World」と出力しました。

```
tft.println("Hello World");
```

実行例に示したように、出力は画面左上から始まります。

出力後は、出力した分だけ次に出力するときの位置が移動します。
つまり、上記のように「println」で出力した場合、さらにもう1つ「println」すると、それは次の行に表示されます。

「print」で出力したときも同様に、次に「print」したときの位置は、前回出力した位置の続きからとなります。

なお、画面のいちばん下に移動したときは、それ以降画面からハミ出るので表示されなくなります。
スクロールはしないので注意してください。

[メモ]

「setCursorメソッド」を呼び出すと、描画位置を「任意の座標」に設定できます。
次に「printlnメソッド」や「printメソッド」を呼び出したときは、その座標から描画するようにできます。

3-2 ボタンの読み取り

第1章でも説明したように、「Wio Terminal」には、十字キーと3つのボタンが付いています。

これらのボタンはGPIOに接続されており、「digitalRead関数」で、その状態を読み出すことができます。

■ ボタンを読み取る例

前面の十字キーと側面の3つのボタンを押すと、その押したボタンの種類が画面に表示されるサンプルを、**リスト3-2**に示します(**図3-2**)。

リスト3-2　ボタンを読み取る例

```
#include "TFT_eSPI.h"
TFT_eSPI tft;

// ボタン定義
int BUTTONS[] = {WIO_KEY_A, WIO_KEY_B, WIO_KEY_C,
  WIO_5S_UP, WIO_5S_DOWN, WIO_5S_LEFT, WIO_5S_RIGHT, WIO_5S_
PRESS};

void setup() {
  // 液晶の初期化など
  tft.begin();

  tft.setRotation(3);
  tft.fillScreen(TFT_BLACK);

  // ボタンを入力プルアップする
  for (int i = 0; i < sizeof(BUTTONS) / sizeof(BUTTONS[0]);
i++) {
    pinMode(BUTTONS[i], INPUT_PULLUP);
  }
}

void loop() {
  // ボタンの押し判定
  if (digitalRead(WIO_KEY_A) == LOW) {
    tft.println("KEY_A");
```

```
  }
  if (digitalRead(WIO_KEY_B) == LOW) {
    tft.println("KEY_B");
  }
  if (digitalRead(WIO_KEY_C) == LOW) {
    tft.println("KEY_C");
  }

  if (digitalRead(WIO_5S_UP) == LOW) {
    tft.println("UP");
  }

  if (digitalRead(WIO_5S_DOWN) == LOW) {
    tft.println("DOWN");
  }

  if (digitalRead(WIO_5S_LEFT) == LOW) {
    tft.println("LEFT");
  }

  if (digitalRead(WIO_5S_RIGHT) == LOW) {
    tft.println("RIGHT");
  }

  if (digitalRead(WIO_5S_PRESS) == LOW) {
    tft.println("PRESS");
  }

  delay(100);
}
```

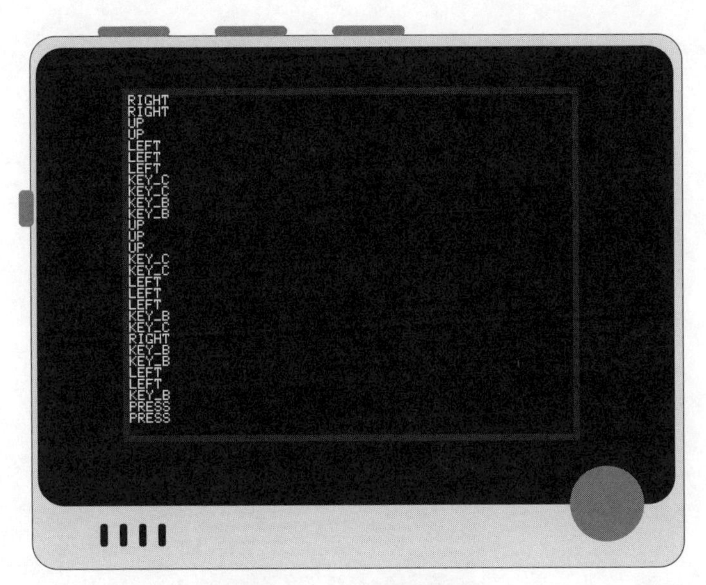

図3-2　リスト3-2の実行結果

コラム　配列を使った別解

リスト3-2は分かりやすくするため、条件分岐の「if」を連ねて記述しています。次のように配列にすれば、ループで処理することもできます。

```
void loop() {
  // ボタンの押し判定
  String  BUTTONSMSG[] = {"KEY_A", "KEY_B", "KEY_C",
    "UP", "DOWN", "LEFT", "RIGHT", "PRESS"};
  for (int i = 0; i < sizeof(BUTTONS) /
sizeof(BUTTONS[0]); i++) {
    if (digitalRead(BUTTONS[i]) == LOW) {
      tft.println(BUTTONSMSG[i]);
    }
  }
  delay(100);
}
```

■ ボタン読み取りの基本

このプログラムは、次のように動作します。

● ボタンのピン

「Wio Terminal」の前面にある「3つのボタン」や「十字ボタン」は、それぞれ、**表3-2**、**表3-3**に示すGPIOに割り当てられています。

プログラムでは、これらのボタンを「配列」として定義しています。

```
// ボタン定義
int BUTTONS[] = {WIO_KEY_A, WIO_KEY_B, WIO_KEY_C,
  WIO_5S_UP, WIO_5S_DOWN, WIO_5S_LEFT, WIO_5S_RIGHT, WIO_5S_
PRESS};
```

表3-2　3つのボタン

定　数	意　味
WIO_KEY_A　または　BUTTON_1	ボタン1(右)
WIO_KEY_B　または　BUTTON_2	ボタン2(中央)
WIO_KEY_C　または　BUTTON_3	ボタン3(左)

表3-3　十字ボタン

定　数	意　味
WIO_5S_UP	上
WIO_5S_DOWN	下
WIO_5S_LEFT	左
WIO_5S_RIGHT	右
WIO_5S_PRESS	押し込み

● ボタンを入力プルアップする

ボタンが接続されているGPIOを初期化します。
ボタンは「入力プルアップ」に設定します。

設定するには、「pinMode変数」を使って、「INPUT_PULLUP」とします。
この処理は、一度だけ実行される「setup関数」の中に記述しました。

```
// ボタンを入力プルアップする
for (int i = 0; i < sizeof(BUTTONS) / sizeof(BUTTONS[0]); i++) {
  pinMode(BUTTONS[i], INPUT_PULLUP);
}
```

● ボタンが押されたかどうかの判定

何度も実行される「loop関数」の中では、どのボタンが押されたかを判定しています。

ボタンはGPIOに接続されており、その状態は、GPIOから値を読み取る「digitalRead関数」で取得できます。
「digitalRead関数」の結果は、「LOW」(電気が流れていない)か「HIGH」(電源側に接続されている)のいずれかです。

「Wio Terminal」では、ボタンを使うときは「INPUT_PULLUP」を指定します。

「押しているときに"LOW"」「押していないときに"HIGH"」というように、普通の感覚とは逆の値(負論理)となるため注意してください。

digitalReadで読み取れる値	意　味
LOW	押されている
HIGH	押されていない

たとえば、側面のいちばん左のボタン(ボタンA)が押されたかどうかは、次のように判定し、押されていれば、画面に「KEY_A」と表示するようにしています。

```
if (digitalRead(WIO_KEY_A) == LOW) {
  tft.println("KEY_A");
}
```

他のキーについても、同じように処理しています。

そして、最後に「delay関数」を使って、ほんの少し(100ミリ秒＝0.1秒)待ちます。
(この待ちの処理は、入れても入れなくてもよいです。)

```
delay(100);
```

3-3 図形の描画

これまで、「TFT_eSPIオブジェクト」(tft変数)の「printlnメソッド」を使って、画面をクリアしたり、画面にメッセージを表示したりする方法を説明しました。

しかし、それ以外にも、好きな場所に「文字」を描いたり、「四角形」や「円」などを描画することができます。

ここでは、そうしたさまざまな図形を描画する方法を説明します。

■ 図形を描画するプログラムの例

リスト3-3に、ランダムな場所にランダムな色で、「円」「四角形」「文字列(Wio Terminalという文字列)」を描画するサンプルを示します。

実行すると、**図3-3**のように、次々と「円」「四角形」「文字列」が表示されます。

リスト3-3 図形を描画するプログラムの例

```
#include "TFT_eSPI.h"
TFT_eSPI tft;

void setup() {
  // 液晶の初期化など
  tft.begin();

  tft.setRotation(3);
  tft.fillScreen(TFT_BLACK);
}
```

```
void loop() {
  // ランダムな場所に四角形や円、文字列を描画する
  // ランダムな座標
  int x = random(0, 320);
  int y = random(0, 240);
  int r = random(10, 100);

  // ランダムな色
  int red = random(0, 256);
  int green = random(0, 256);
  int blue = random(0, 256);
  int color = tft.color565(red, green, blue);

  switch (random(0, 3)) {
    case 0:
      // 円
      tft.fillCircle(x, y, r, color);
      break;
    case 1:
      // 四角形
      tft.fillRect(x - r, y - r, r * 2, r * 2, color);
      break;
    case 2:
      // 文字列
      tft.setTextDatum(CC_DATUM);
      tft.setTextColor(color);
      tft.drawString("Wio Terminal", x, y);
  }

  delay(10);
}
```

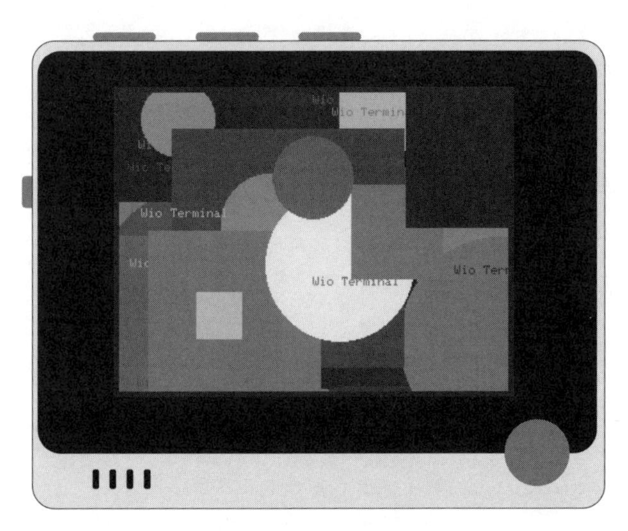

図3-3　リスト3-3の実行例

■ 図形描画の基本

このプログラムは、次のように動作します。

● 座標

「Wio Terminal」の液晶画面の解像度は、「320×240ドット」です。
座標は、左上が(0,0)、右下が(319, 239)です。

リスト3-3では、**「random関数」**を使って、この範囲内のx座標とy座標を求めています。

「random関数」は、**「random(m, n)」**と記述し、m以上n未満(nは含まない)のランダムな整数を返す関数です。

これによって、変数xには「0～319」、変数yには「0～239」のランダムな値が設定されます。

```
int x = random(0, 320);
int y = random(0, 240);
```

同様に、描画する「円」や「四角形」の半径(四角形の場合は正方形の高さの半分として採用する値)をランダム値として生成しています。

ここでは、「10〜99」までのランダム値としました。

```
int r = random(10, 100);
```

● 色

色は16ビットの値で示します。

色は「RGB565」と呼ばれ、「Red(赤)」が5ビット、「Green(緑)」が6ビット、「Blue(青)」が5ビットで示されます(図3-4)。

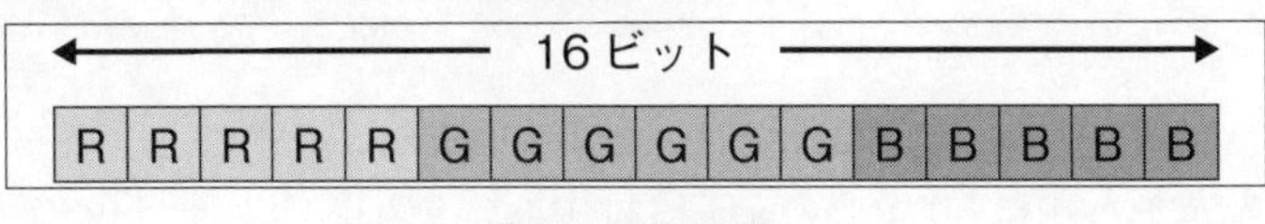

図3-4 RGB565

赤、緑、青のそれぞれの値を「0〜255」で表現するとき、「TFT_eSPIオブジェクト」の「color565メソッド」を使って、次のようにして、色の値を計算できます。

```
// ランダムな色
int red = random(0, 256);
int green = random(0, 256);
int blue = random(0, 256);
int color = tft.color565(red, green, blue);
```

● 四角形や円などの描画

「四角形」「円」や「文字列」を描画します。
どれを描画するのかは、ランダムに決めています。

「random関数」で「0〜2」までの乱数を作り、「0のときは円」「1のときは四角形」「2のときは文字列」を描画しています。

```
switch (random(0, 3)) {
  case 0:
    // 円
    tft.fillCircle(x, y, r, color);
    break;
  case 1:
    // 四角形
    tft.fillRect(x - r, y - r, r * 2, r * 2, color);
    break;
  case 2:
    // 文字列
    tft.setTextDatum(MC_DATUM);
    tft.setTextColor(color);
    tft.drawString("Wio Terminal", x, y);
}
```

「塗りつぶした円」は、「**fillCircleメソッド**」で描画します。
引数は先頭から順に、「中心のx座標」「中心のy座標」「半径」「色」です。

「塗りつぶした四角形」は、「**fillRectメソッド**」で描画します。
引数は先頭から順に、「左上のx座標」「左上のy座標」「幅」「高さ」です。

他にも、「塗りつぶさない四角形」や、「楕円」「線」「点」などを描画するメソッドもあります。

● 任意の場所に文字を表示する

文字列を描画するには、「**drawStringメソッド**」を使います。
引数は「描画したい文字列」「x座標」「y座標」です。

ここでは「Wio Terminal」という文字列を表示しています。

```
tft.drawString("Wio Terminal", x, y);
```

「drawStringメソッド」で指定する座標が、文字列のどの部分を指すのかは、「**setTextDatumメソッド**」で決めます。

ここでは「MC_DATUM」を指定して、文字列の中心座標を示すようにしました（図3-5）。

```
tft.setTextDatum(MC_DATUM);
```

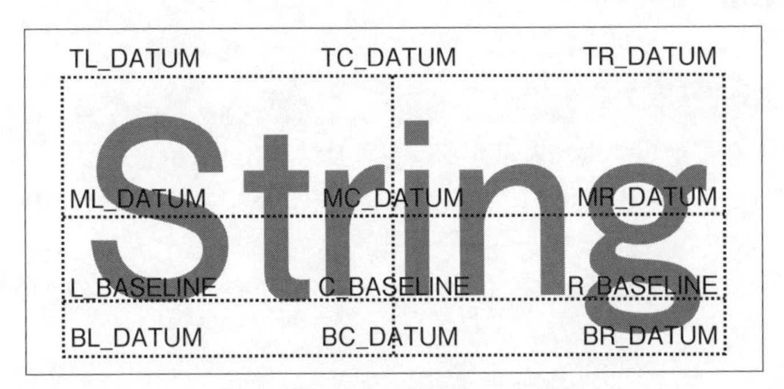

図3-5　中心座標として指定する基準値

文字色を指定するには、「drawStringメソッド」の呼び出しに先駆けて、「setTextColorメソッド」を呼び出します。

```
tft.setTextColor(color);
```

なお、「setTextDatumメソッド」や「setTextColorメソッド」は、一度設定すると保存されるため、文字列描画のたびに（メソッドを呼び出すたびに）実行する必要はありません。

3-4 フォントの指定

「TFT_eSPIオブジェクト」では、いくつかのフォントが提供されていて、切り替えて表示できます。

■ フォントを指定する例

フォントを指定して文字表示する例を、**リスト3-4**に示します。
実行すると、**図3-6**のようにさまざまなフォントで文字が表示されます。

フォントには、「ビットマップフォント」と「GFXフォント」の2種類があります。

図3-6に示した実行例の左側が「ビットマップフォント」、右側が「GFXフォント」です。

リスト3-4 フォントを指定する例

```
#include "TFT_eSPI.h"
TFT_eSPI tft;

void setup() {
  // 液晶の初期化など
  tft.begin();

  tft.setRotation(3);
  tft.fillScreen(TFT_BLACK);

  // 文字の描画：ビットマップ
  tft.setTextFont(1);tft.println("8pixcel");
  tft.setTextFont(2);tft.println("16pixcel");
  tft.setTextFont(4);tft.println("26pixcel");
  tft.setTextFont(6);tft.println("01234");
  tft.setTextFont(7);tft.println("01234");
  tft.setTextFont(8);tft.println("01234");

  // 文字の描画：GFXフォント
  tft.setCursor(160, 20);
  tft.setFreeFont(&FreeMono18pt7b);tft.println("Mono");
```

```
  tft.setCursor(160, tft.getCursorY());
  tft.setFreeFont(&FreeSans18pt7b);tft.println("Sans");

  tft.setCursor(160, tft.getCursorY());
  tft.setFreeFont(&FreeSerif18pt7b);tft.println("Serif");

  tft.setCursor(160, tft.getCursorY());
  tft.setFreeFont(&TomThumb);tft.println("TomThumb");

}

void loop() {
}
```

図3-6　リスト3-4の実行結果

■ フォントの基本

このプログラムは、次のように動作します。

● ビットマップフォントの利用

「ビットマップフォント」は、「**setTextFont関数**」を使って切り替えます。

表3-4に示すフォントが提供されています。

フォントによっては、数字しか提供されていないものもあるので注意してください。

表3-4 ビットマップフォント

指定する値	フォント
1	8ピクセルフォント
2	16ピクセルフォント
4	26ピクセルフォント
6	48ピクセルフォント。数字と「:」「.」「a」「p」「m」の文字のみ (「a」「p」「m」は、「am」「pm」の時計の表示用途のため)
7	48ピクセルの7セグメントフォント。数字と「:」「.」の文字のみ
8	75ピクセルのフォント。数字と「:」「-」「.」のみ

● GFXフォントの利用

GFXフォントは、文字ごとのフォントの幅や高さなどの字形(グリフ)を考慮したフォントです。

「Seeed_Arduino_LCDライブラリ」の「Fonts/GFXFFフォルダ」に格納されています。

【Fonts/GFXFFフォルダ】

https://github.com/Seeed-Studio/Seeed_Arduino_LCD/tree/master/Fonts/GFXFF

フォントは「Mono(等幅フォント)」「Sans(ゴシック体のようにハネが付いていないフォント)」「Serif(明朝体のようにハネが付いているフォント」、「TomThumb(3×5ピクセルの極小フォント)」の4種類が用意されています。

このうち、「TomThumb」以外は、「サイズ」「太字」「イタリック」のバリエーションもあります。

*

GFXフォントを利用するには、「setFreeFont」を呼び出します。

たとえば、「18ptの大きさのMonoフォント」を使うには、次のようにします。

```
tft.setFreeFont(&FreeMono18pt7b)
```

ここで指定している「&FreeMono18pt7b」というのは、「GFXFFフォルダ」に含まれているフォントのヘッダファイルに記載されている配列名です。

「FreeMono18pt7b.h」というファイルには、次のような定義があるため、これを引数に渡します。

```
const GFXfont FreeMono18pt7b PROGMEM = {
    (uint8_t*)FreeMono18pt7bBitmaps,
    (GFXglyph*)FreeMono18pt7bGlyphs,
    0x20, 0x7E, 35
};
```

指定すべき名前はヘッダファイルを見れば分かるのですが、1つずつ確認するのも大変なので、表にまとめておきます。

種類	サイズ	ノーマル	太字	イタリック	太字+イタリック
Mono	9pt	FreeMono9pt7b	FreeMonoBold9pt7b	FreeMonoOblique9pt7b	FreeMonoBoldOblique9pt7b
	12pt	FreeMono12pt7b	FreeMonoBold12pt7b	FreeMonoOblique12pt7b	FreeMonoBoldOblique12pt7b
	18pt	FreeMono18pt7b	FreeMonoBold18pt7b	FreeMonoOblique18pt7b	FreeMonoBoldOblique18pt7b
	24pt	FreeMono24pt7b	FreeMonoBold24pt7b	FreeMonoOblique24pt7b	FreeMonoBoldOblique24pt7b
Sans	9pt	FreeSans9pt7b	FreeSansBold9pt7b	FreeSansOblique9pt7b	FreeSansBoldOblique9pt7b
	12pt	FreeSans12pt7b	FreeSansBold12pt7b	FreeSansOblique12pt7b	FreeSansBoldOblique12pt7b
	18pt	FreeSans18pt7b	FreeSansBold18pt7b	FreeSansOblique18pt7b	FreeSansBoldOblique18pt7b
	24pt	FreeSans24pt7b	FreeSansBold24pt7b	FreeSansOblique24pt7b	FreeSansBoldOblique24pt7b
Serif	9pt	FreeSerif9pt7b	FreeSerifBold9pt7b	FreeSerifOblique9pt7b	FreeSerifBoldOblique9pt7b
	12pt	FreeSerif12pt7b	FreeSerifBold12pt7b	FreeSerifOblique12pt7b	FreeSerifBoldOblique12pt7b
	18pt	FreeSerif18pt7b	FreeSerifBold18pt7b	FreeSerifOblique18pt7b	FreeSerifBoldOblique18pt7b
	24pt	FreeSerif24pt7b	FreeSerifBold24pt7b	FreeSerifOblique24pt7b	FreeSerifBoldOblique24pt7b
TomThumb	3×5	TomThumb	なし	なし	なし

● カーソル位置の制御

リスト3-4では、描画位置を指定するため、「setCursorメソッド」を使っています。

「setCursorメソッド」には、描画を開始するx座標、y座標を、それぞれ順に渡します。

実行結果にも示したように、2段組で出力したいので、「GFXフォント」を表示する部分では、次のように「160, 20」の位置に出力開始座標を設定しました。

```
tft.setCursor(160, 20);
```

ひとつ注意したいのは、「GFXフォント」の場合、この座標が文字列の左上の座標ではなくて、「ベースライン」になるという点です。

そのため、Y座標は「0」ではなく「20」にしました。

また、2行目以降の表示では、次のように「getCursorYメソッド」を使って、現在の出力位置のY座標を取得し、Y座標はそのままにしてX座標だけを変更するようにしました。

```
tft.setCursor(160, tft.getCursorY());
```

コラム フォントを大きくする

基本的にフォントの大きさは、「setTextFontメソッド」や「setFreeFont」で指定したフォントサイズで決まります。

しかし「**setTextSizeメソッド**」を呼び出すと、そのフォントを整数倍にすることもできます。

たとえば、

```
tft.setTextSize(2);
```

とすれば、表示する際、フォントサイズが2倍になります。

ただし。ビットマップフォントを無理に引き延ばしているので、文字はギサギザで汚くなります。

第4章

日本語表示と画像表示

「Wio Terminal」の画面には、「日本語」や「画像」を表示することもできます。
画像は、「microSD」カードに入れておきます。

4-1 LovyanGFXライブラリ

前章では、「Wio Terminal」の開発元であるSeeed社が提供する「Seeed-Arduino-LCDライブラリ」を使って液晶を操作しましたが、もうひとつ、別のライブラリもあります。

それは、らびやん氏(@lovyan03)が開発している、「LovyanGFXライブラリ」です。

【LovyanGFXライブラリ】

```
https://github.com/lovyan03/LovyanGFX
```

■ LovyanGFXライブラリとは

「LovyanGFXライブラリ」は、「Wio Terminal」のほか、同じく液晶付きマイコンで広く使われている、「M5Stack」などでも使える「画面描画ライブラリ」です。

前章で説明した「Seeed-Arduino-LCDライブラリ」は、液晶制御によく使われる「TFT_eSPI」から派生したものですが、「LovyanGFXライブラリ」もTFT_eSPIと互換性が考慮されています。

そのため、「Seeed-Arduino-LCDライブラリ」と差し替えて、ほぼ同じように使うことができます。

■ LovyanGFXライブラリのメリット

「LovyanGFXライブラリ」は、高機能・高速なライブラリです。

「Seeed-Arduino-LCDライブラリ」との違いとして、次の点が挙げられます。

①日本語表示に対応しやすい

Seeed-Arduino-LCDライブラリでも、日本語の表示はできますが、フォントの作成や組み込みの作業が少し煩雑です。対してLovyanGFXライブラリなら、日本語表示の対応が比較的容易です。

②JPEG形式やPNG形式のファイルを表示できる

Seeed-Arduino-LCDライブラリでは、ビットマップの表示はできますが、JPEG形式などは表示できません。

LovyanGFXライブラリなら、JPEG形式ファイルもPNG形式ファイルも表示できます。

③スプライト機能が充実している

ゲームなどでキャラクタを高速に動かしたりするときに便利な「スプライト機能」が拡張されており、拡大・縮小しながら回転できます。

■ LovyanGFXライブラリのインストール

この章では、「LovyanGFXライブラリ」の、いくつかの機能の使い方を説明していきます。

「LovyanGFX」を使うには、インストールが必要です。

次の操作をして、「Arduino IDE」にインストールします。

手 順　LovyanGFXライブラリをインストールする

[1]　ライブラリ管理を開く

Arduino IDEで[ツール]メニューから、[ライブラリを管理]を選択。

[2]　LovyanGFXライブラリをインストールする

ライブラリマネージャで「lovyan」を検索。「LovyanGFX」が表示されたら[インストール]を選択(図4-1)。

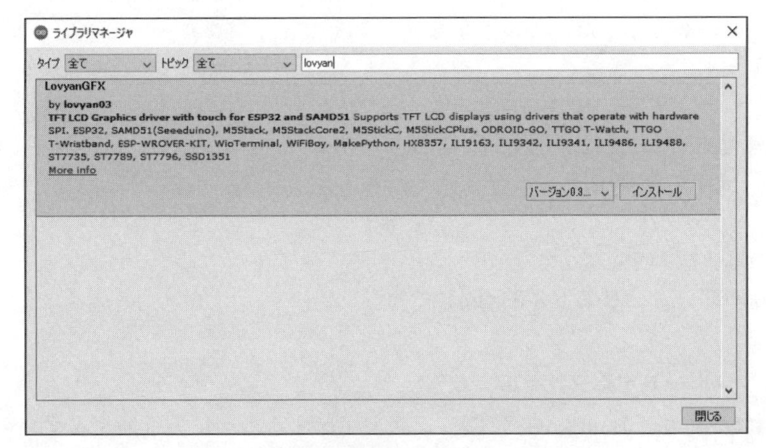

図4-1 「LovyanGFX」をインストールする

■ LovyanGFXライブラリの使い方

LovyanGFXライブラリを使うには、主に2つの方法があります。

①LovyanGFXライブラリ独自の書き方

1つめの方法は、「LovyanGFXライブラリ独自の書き方」です。
こちらが、推奨される方法です。

```
#include <LovyanGFX.hpp>

static LGFX lcd;                    // LGFXのインスタンスを作成。
```

②TFT_eSPIを使用中でソースをなるべく変更したくないとき

すでに「TFT_eSPI」を使用中で、ソースを大きく変更したくないときは、次のようにします。

```
#include <LGFX_TFT_eSPI.hpp>
static TFT_eSPI lcd;      // TFT_eSPIがLGFXの別名として定義されます。
```

本書では、①の書き方で進めます。

「LovyanGFX」は、「TFT_eSPI」と同じように使えるように構成されているため、前の章で作った、さまざまなサンプルは、インクルードを変更するだけで使えます。

参考までに、「**3-3 図形の描画**」で作ったサンプル(**リスト3-3**)を、「LovyanGFX」で動くように書き換えたものを、**リスト4-1**に示します。

＊

違いは、次の2点です。

残りの部分は、**リスト3-3**と同じです。

①インクルードするファイル

冒頭の2行を、LovyanGFXをインクルードするように書き換えます。

```
#include <LovyanGFX.hpp>
static LGFX tft;
```

②液晶の向き

液晶の向きを指定する「setRotationメソッド」の引数を「3」ではなく「1」に変更します。

```
tft.setRotation(1);
```

実際に試すと分かりますが、「LovyanGFX」のほうが、見た目で分かるほど高速です。

リスト4-1 LovyanGFXで図形を描画するプログラムの例

```
#include <LovyanGFX.hpp>
static LGFX tft;

void setup() {
  // 液晶の初期化など
  tft.begin();

  tft.setRotation(1);
```

```
  tft.fillScreen(TFT_BLACK);
}

void loop() {
  // ランダムな場所に四角形や円、文字列を描画する
  // ランダムな座標
  int x = random(0, 320);
  int y = random(0, 240);
  int r = random(10, 100);

  // ランダムな色
  int red = random(0, 256);
  int green = random(0, 256);
  int blue = random(0, 256);
  int color = tft.color565(red, green, blue);

  switch (random(0, 3)) {
    case 0:
      // 円
      tft.fillCircle(x, y, r, color);
      break;
    case 1:
      // 四角形
      tft.fillRect(x - r, y - r, r * 2, r * 2, color);
      break;
    case 2:
      // 文字列
      tft.setTextDatum(CC_DATUM);
      tft.setTextColor(color);
      tft.drawString("Wio Terminal", x, y);
  }
}
```

4-2 日本語表示する

それでは、「LovyanGFX」の機能を、いくつか使っていきましょう。
まずは、「日本語表示」からです。

[メモ]

ここでは「LovyanGFXライブラリ」を使って日本語を表示する方法を説明します。
「Seeed-Arduino-LCDライブラリ」でも、事前にフォントを作っておけば、日本語表示できます。
その手順の詳細は、以下のURLを参照してください。

https://wiki.seeedstudio.com/Wio-Terminal-LCD-Anti-aliased-Fonts/

■ 日本語フォント

「LovyanGFXライブラリ」(および、その基となっている「TFT_eSPIライブラリ」)では、「**setFontメソッド**」を使ってフォントを選択できます。

日本語も、それと同様にして選択できるのですが、そのためには、あらかじめフォントを変換して組み込んでおく必要があります。

しかし「LovyanGFX」には、IPAが提供する日本語フォント(https://moji.or.jp/ipafont/)がデフォルトで提供されているため、フォントの変換が必要ありません。

提供されているフォントは、**表4-1**に示す4種類です。
そして、提供されているサイズは、次の9種類です。

8、12、16、20、24、28、32、36、40

表4-1 提供されている日本語フォント

フォントの指定値	フォントの種類
&fonts::lgfxJapaneseMincho	固定幅明朝
&fonts::lgfxJapaneseMinchoP	可変幅明朝
&fonts::lgfxJapaneseGothic	固定幅ゴシック
&fonts::lgfxJapaneseGothicP	可変幅ゴシック

実際に指定するときは、**表4-1**に示した「フォント指定値」の後ろに、アンダースコアを付けて、サイズを指定します。

たとえば、「固定幅明朝の16ドットフォント」であれば、「&fonts::lgfxJapaneseMincho_16」を指定します。

■ 日本語の表示例

リスト4-2に、「日本語フォント」を表示する例を示します(**図4-2**)。

日本語フォントは、「setFont」で指定した分だけ、静的にビルドされ組み込まれます。
そのため、たくさんの種類のフォントを使うと、コンパイルに時間がかかり、プログラムのサイズも大きくなるので注意してください。

ときにはメモリが足りなくてコンパイルに失敗することもあります(実際、24px以上のフォントを2つ組み込むのは、なかなか厳しいです)。

[メモ]

プログラムのサイズを小さくするには、「利用する文字しか含めない」という選択肢もあります。そのようなツールとして、yamamaya氏が作成した「日本語フォントサブセットジェネレーター for LovyanGFX」があります。

https://github.com/yamamaya/lgfxFontSubsetGenerator

リスト4-2　日本語フォントを表示する例

```
#include <LovyanGFX.hpp>
static LGFX tft;

void setup() {
  // 液晶の初期化など
  tft.begin();

  tft.setRotation(1);
```

```
  tft.fillScreen(TFT_BLACK);

  tft.setTextDatum(MC_DATUM);
  // 明朝
  tft.setFont(&fonts::lgfxJapanMincho_16);
  tft.drawString("日本語明朝16px", 160, 80);

  // ゴシック
  tft.setCursor(160, 20);
  tft.setFont(&fonts::lgfxJapanGothic_16);
  tft.drawString("日本語ゴシック16px", 160, 160);
}

void loop() {
}
```

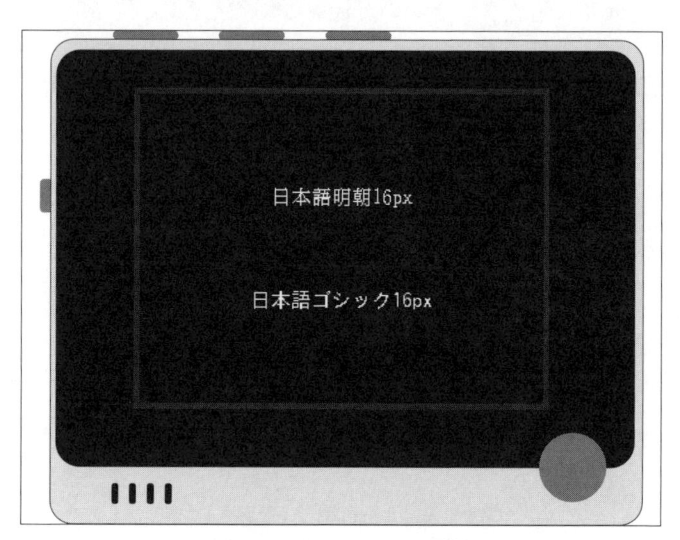

図4-2 リスト4-2の実行結果

コラム efontを使う

「LovyanGFXライブラリ」では、「**efont**」と呼ばれるビットマップ形式のフォントを使うこともできます。

これらを指定するには、次の規則のフォント名を指定します。

【通常フォント】	efonaJA¥_サイズ
【イタリック】	efontJA¥_サイズ¥_i
【ボールド】	efontJA¥_サイズ¥_b
【ボールドイタリック】	efontJA¥_サイズ¥_bi

用意されているサイズは、「10」「12」「14」「16」「24」です。

小さい文字の場合は、こちらの文字のほうが、くっきりしていると感じるかも知れません(**リスト4-3**、**図4-3**)。

リスト4-3 efontを使った例

```
#include <LovyanGFX.hpp>
static LGFX tft;
void setup() {
  // 液晶の初期化など
  tft.begin();

  tft.setRotation(1);
  tft.fillScreen(TFT_BLACK);
  tft.setTextDatum(MC_DATUM);
  tft.setFont(&fonts::efontJA_12);
  tft.drawString("日本語16px", 160, 80);
}
void loop() {
}
```

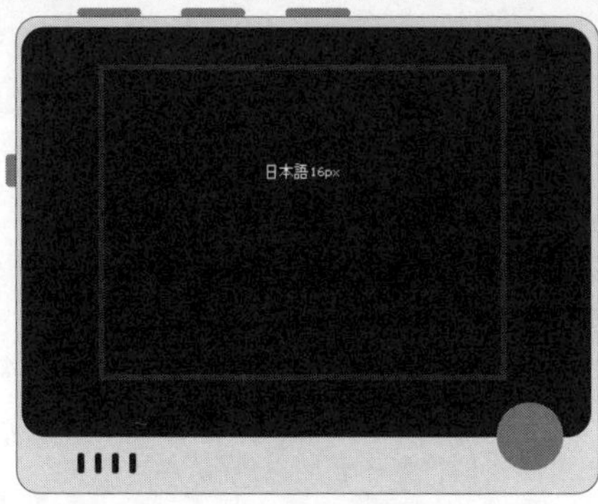

図4-3 リスト4-3の実行結果

コラム 好きなフォントを変換して使う

他にも、フォントを「Processing」というソフトを使って変換することで、好きなフォントを使うこともできます。

変換したフォントは、microSDカードに保存して、それを読み込みます。

以下に、その概要を示します。

詳細については、Seeed社のWikiページを参照してください。

https://wiki.seeedstudio.com/Wio-Terminal-LCD-Anti-aliased-Fonts/

コラム バックライトの輝度を設定する

LovyanGFXライブラリでは、「setBrightnessメソッド」を使うと、バックライトの輝度を変えられます。輝度は0～255の範囲で指定します。

```
tft.setBrightness(255);
```

指定しない場合のデフォルト値は「128」です。

4.3 JPEGファイルやPNGファイルを表示する

「LovyanGFXライブラリ」では、「JPEGファイル」や「PNGファイル」を表示することもできます。

■ microSDカードを使う

画像ファイルは、「microSDカード」にあらかじめ保存しておきます。

PCで画像ファイルを「microSDカード」に保存して、それを「Wio Terminal」に装着します。

側面の電源ボタンの近くに、「microSDカード」のスロットがあります(**図4-4**)。

金属の端子部分を上にし、奥まで差し込みます。
(取り出すときは、さらに押し込むと、バネで飛び出てきます)

※microSDカードは、「TFカード」とも呼ばれます。

図4-4　microSDカードのスロット
端子を上側(液晶側)にして差し込む。

■ microSDカードのライブラリをインストールする

microSDカードを利用するには、「SDカードのライブラリ」が必要です。
次のライブラリを使います。

【Seeed-Arduino-FS】

https://github.com/Seeed-Studio/Seeed_Arduino_FS/

手順　Seeed-Arduino-FSのインストール

[1] ライブラリマネージャを開く

Arduino IDEの[ツール]メニューから[ライブラリを管理]をクリック。

[2] Seeed-Arduino-FSをインストールする

「ライブラリマネージャ」を開くので、「Seeed-Arduino-FS」を検索し、インストール(図4-5)。

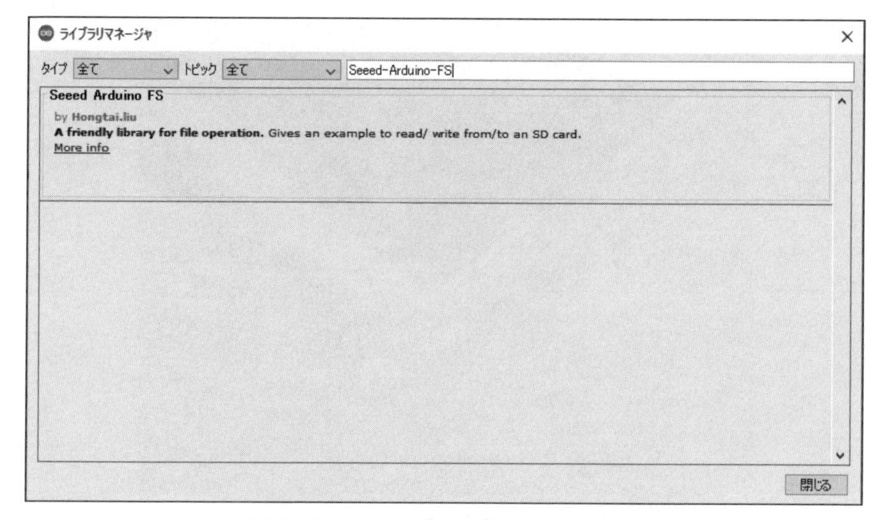

図4-5　Seeed-Arduino-FSをインストールする

■ JPEGファイルを表示する例

画像ファイルを表示するには、**表4-2**に示す関数を使います。

表4-2　LovyanGFXに備わる画像ファイル表示関数

ファイル形式	関　数
BMP	drawBmpFile
PNG	drawPngFile
JPEG	drawJpgFile

「**drawJpgファイル**」を使い、microSDカードに保存されている「image.jpg」というファイルを画面に表示する例を、**リスト4-4**に示します。

実行に当たっては、適当なJPEG形式の画像ファイルを、「image.jpg」というファイル名で、「microSDカードのトップ」(ルート)に保存しておく必要があります。

なお、**リスト4-4**では、画像を左上に、等倍で表示しています。
「WioTerminal」の液晶は、「320×240ドット」であるため、全画面に表示したいのであれば、このサイズの画像を用意しておくとよいでしょう。

リスト4-4 microSDカードに保存した「image.jpg」を表示する例

```
#include <SPI.h>
#include "Seeed_FS.h"
#include "SD/Seeed_SD.h"
#include <LovyanGFX.hpp>
static LGFX tft;

void setup() {
  // 液晶の初期化など
  tft.begin();

  tft.setRotation(1);
  tft.fillScreen(TFT_BLACK);

  // SDカードの準備ができるまで待つ
  while(!SD.begin(SDCARD_SS_PIN, SDCARD_SPI)){
    tft.println("Waiting SD...");
    delay(100);
  }

  // 画像を左上に
  tft.drawJpgFile(SD, "image.jpg", 0, 0);
}

void loop() {}
```

■ JPEGファイル表示の基本

このプログラムは、次のように動作します。

● microSDカードの初期化

microSDカード関連のインクルードは、下記の通りです。

「**SPI.h**」は、SPIインターフェイスを制御するライブラリです。

これは、microSDカードがSPIインターフェイスに接続されているためです。

```
#include <SPI.h>
#include "Seeed_FS.h"
#include "SD/Seeed_SD.h"
```

初期化には、「SD.begin()」を呼び出します。
このメソッドが「True」を返すまで、しばらく待ちながらリトライします。

```
while(!SD.begin(SDCARD_SS_PIN, SDCARD_SPI)){
  tft.println("Waiting SD...");
  delay(100);
}
```

● JPEG画像の表示

JPEG画像を表示するには、「drawJpgFile()」を使います。
「ファイル名」「左上X座標」「左上Y座標」を渡すと、描画されます。

```
tft.drawJpgFile(SD, "image.jpg", 0, 0);
```

4-4 スプライト機能でキャラクターを動かす

「LovyanGFX ライブラリ」には、画像を重ね合わせて表示する「スプライト機能」があります。

スプライト機能では、「拡大」「縮小」「回転」もできます。

ここでは、スプライト機能を使って、「WioTerminal」の前面の「十字キー」を押すと、その方向にキャラクターが「移動」したり、「拡大」「縮小」「回転」するようなサンプルを作ってみます。

■ スプライトを利用する例

実際に、サンプルを**リスト4-5**に示します。

実行すると、画面中央にキャラクターが表示され、十字キーを押すと移動します(**図4-6**、**表4-3**)。

キャラクターはPNG形式ファイルの「my.png」としてmicroSDカードのルートに保存しておくことを前提としています。

背景色を切り抜くため、背景色は緑色としています(詳しくは後述)。

コラム スプライトの重ね合わせ

一般にスプライト機能とは、キャラクタ同士を重ね合わせて動かせる機能を想像しますが、LovyanGFXライブラリや、その基となるTFT_eSPIライブラリのスプライト機能は、指定した位置に上書きする動作であり、スプライトを移動する際、元の状態に戻しません。

そのため、背景画像の上でキャラクタを動かすと、キャラクタの残像が残ってしまいます。

本書で提示しているサンプルでは、スプライト描画の前に、都度、「tft.fillScreen(TFT_BLACK);」で黒塗りしているので気づきませんが、仮に、このコードをコメントアウトすると、残像が残ることが分かります。

もし、背景画像と重ねてキャラクタを動かしたいときは、①キャラクタを描画する、②キャラクタが重なっていた領域を背景で再描画して戻す、③移動先にキャラクタを描画する、というように、重なっていたところの背景を再描画する処理が必要です。

リスト4-5　スプライトを利用する例

```
#include <SPI.h>
#include "Seeed_FS.h"
#include "SD/Seeed_SD.h"
#include <LovyanGFX.hpp>

static LGFX tft;
// スプライトを作成
static LGFX_Sprite sprite;

// 初期のX、Y座標、回転角、拡大率
int x = 160 - 32;
int y = 120 - 20;
int r = 0;
float zm = 1.0;

// ボタン定義
int BUTTONS[] = {WIO_KEY_A, WIO_KEY_B, WIO_KEY_C,
  WIO_5S_UP, WIO_5S_DOWN, WIO_5S_LEFT, WIO_5S_RIGHT, WIO_5S_
PRESS};

void setup() {
  // ボタンを入力プルアップ(第3章を参照)
  for (int i = 0; i < sizeof(BUTTONS) / sizeof(BUTTONS[0]);
i++) {
    pinMode(BUTTONS[i], INPUT_PULLUP);
  }

  // 液晶の初期化など
  tft.begin();

  tft.setRotation(1);
  tft.fillScreen(TFT_BLACK);

  // SDカードの準備ができるまで待つ
  while(!SD.begin(SDCARD_SS_PIN, SDCARD_SPI)){
    tft.println("Waiting SD...");
    delay(100);
  }
```

```
  // スプライトの初期化
  sprite.setColorDepth(16); // RGB565
  sprite.createSprite(64, 80);  // 64ピクセル×80ピクセルとして作成
  // 画像読み込み
  sprite.drawPngFile(SD, "my.png", 0, 0);

  // キャラクタの表示
  sprite.pushRotateZoom(&tft, x, y, r, zm, zm, TFT_GREEN);
}

void loop() {
  int oldx = x, oldy = y, oldr = r;
  float oldzm = zm;

  // ボタンの押し判定
  if (digitalRead(WIO_KEY_A) == LOW) {
    zm = zm + 0.1;
  }
  if (digitalRead(WIO_KEY_B) == LOW) {
    zm = zm - 0.1;
  }
  if (digitalRead(WIO_KEY_C) == LOW) {
    r = (r + 1) % 360;
  }

  if (digitalRead(WIO_5S_UP) == LOW) {
    y = y - 1;
  }

  if (digitalRead(WIO_5S_DOWN) == LOW) {
    y = y + 1;
  }

  if (digitalRead(WIO_5S_LEFT) == LOW) {
    x = x - 1;
  }

  if (digitalRead(WIO_5S_RIGHT) == LOW) {
    x = x + 1;
  }
```

```
  if (digitalRead(WIO_5S_PRESS) == LOW) {
    x = 160 - 32;
    y = 120 - 20;
    r = 0;
    zm = 1.0;
  }

  if ((oldx != x) || (oldy != y) || (oldr != r) || (oldzm != zm)) {
    tft.fillScreen(TFT_BLACK);
    sprite.pushRotateZoom(&tft, x, y, r, zm, zm, TFT_GREEN);
    // 回転や拡大・縮小不要のときは下記でもよい
    // sprite.pushSprite(&tft, x, y, TFT_GREEN);
  }
}
```

表4-3　リスト4-5の基本操作

キー	動　作
十字キー	押した方向に移動
十字キー押し込み	初期の位置(拡大率1.0、回転0度、画面中央)に戻す
Aボタン	拡大
Bボタン	縮小
Cボタン	回転

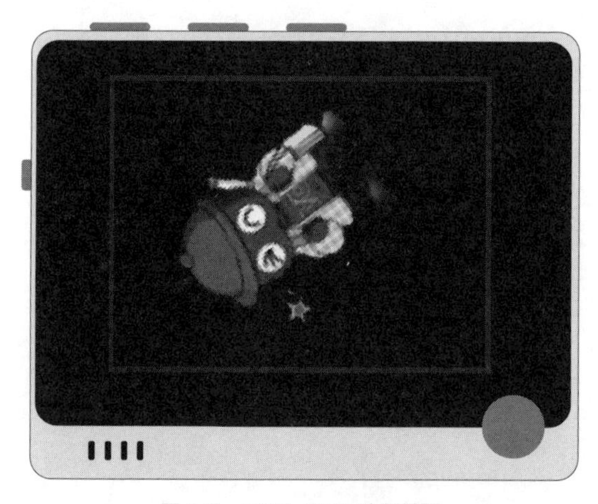

図4-6　リスト4-5の実行結果

■ スプライトの基本

このプログラムは、次のように動作します。

● スプライト用の画像ファイル

ここでは、図4-7に示す「64×80ドット」の画像ファイル「my.png」を用意しました。

クロマキーのようにくり抜くため、くり抜く部分には「緑」(R=0、G=255、B=0)で塗りつぶしています。

> ※くり抜く色はスプライトを描画するときに指定できるので、必ずしも緑色である必要はありません。

図4-7　my.pngファイル

● スプライトの初期化

スプライトは、「LGFX_Spriteオブジェクト」として用意します。
ここでは、「sprite」という名前の変数として定義しました。

```
static LGFX_Sprite sprite;
```

次のような流れで、「スプライトを初期化」します。

①色深度の設定

「色深度」(色の数)を設定します。
ここでは「RGB565」形式の「16ビット」としました。

ビット数が多いほど、メモリを多く消費します。

```
sprite.setColorDepth(16); // RGB565
```

②スプライト領域の作成

次に、「スプライト領域」を作ります。

ここでは、**図4-7**に示した画像ファイルと同じ大きさの「64×80」の大きさとしました。

```
sprite.createSprite(64, 80);  // 64ピクセル×80ピクセルとして作成
```

③画像の読み込み

スプライトに画像を読み込みます。

表4-2に示した各種関数を利用できます。

ここでは、「**drawPngFile関数**」を使って、「my.pngファイル」を読み込んでいます。

```
// 画像読み込み
sprite.drawPngFile(SD, "my.png", 0, 0);
```

● スプライトの描画

これでスプライトの準備ができました。

「**pushRotateZoom関数**」または「**pushSprite関数**」を使うことで、画面に描画できます。

前者は「拡大」「縮小」「回転」をサポートするもので、後者は位置の指定だけをする関数です。

このサンプルでは、前者の「pushRotateZoom関数」を使って描画しています。

```
sprite.pushRotateZoom(&tft, x, y, r, zm, zm, TFT_GREEN);
```

引数は、先頭から順に、「描画先」「左上X座標」「左上Y座標」「回転角度（時計回り。度）」「横方向拡大率（1.0で正寸）」「縦方向拡大率（1.0で正寸）」「くりぬく色」です。

図4-7に示した画像は、緑色を透明にすることを想定しているので、緑色に相当する「TFT_GREEN」を指定しています。

引数に指定している「x、y、r、zm」の値は、最初に次のように初期化しています。

```
// 初期のX、Y座標、回転角、拡大率
int x = 160 - 32;
int y = 120 - 20;
int r = 0;
float zm = 1.0;
```

そして、「WioTerminal」のボタンが押されたときには、それぞれの値を変更することによって、「上下左右」に移動したり、「回転」や「拡大率が変わったり」するようにしています。

コラム 色深度

本文中で説明しているように、スプライトに対しては、「setColorDepthメソッド」で「色深度」を設定します。

本書では、「16」(RGB565の意味)を指定しましたが、次の指定もできます。

色深度の値	意味
1	インデックスカラー2色
2	インデックスカラー4色
4	インデックスカラー16色
8	RGB332
16	RGB565
24	RGB888

色深度が少ないほど、利用するメモリの消費量を抑えられます。

インデックスカラーとは、パレットを使って色を指定する方式です。どの値を、実際にどの色にマッピングするのかは、「setPaletteColorメソッド」で設定します。

少量の色しか使わないのであれば、インデックスカラーを用いることで、大幅に必要なメモリ量を削減できます。

第5章

内蔵デバイスの操作

「Wio Terminal」には、「スピーカー」や「マイク」「加速度センサ」「照度センサ」「IR送信機」「時を刻むRTC」が内蔵されています。
この章では、こうした内蔵デバイスを操作する方法を説明します。

5-1 音階を鳴らす

「Arduino」では、「playTone」という関数を使うと、指定した周波数の音を鳴らせます。

「Wio Terminal」のスピーカーは、「WIO_BUZZER」というピン番号にスピーカーが接続されています。

■ 音階を鳴らすプログラムの例

音階を鳴らすプログラムの例を、**リスト5-1**に示します。
実行すると、「ドレミ」…と連続で鳴り続けます。

リスト5-1 「ドレミ」と鳴らす例

```
void setup() {
  // スピーカーを出力に設定
  pinMode(WIO_BUZZER, OUTPUT);
}

void loop() {
  tone(WIO_BUZZER, 262);
  delay(500);
  tone(WIO_BUZZER, 302);
  delay(500);
  tone(WIO_BUZZER, 339);
  delay(500);
```

```
  noTone(WIO_BUZZER);
  delay(1000);
}
```

■ 音階を鳴らす基本

このプログラムは、次のように動作します。

● スピーカーの初期化

まずはスピーカーを「初期化」します。

「WIO_BUZZER」のポートに接続されているため、「**pinMode関数**」を使って、次のように「OUTPUT」として初期化します。

```
pinMode(WIO_BUZZER, OUTPUT);
```

● 音を鳴らす

音を鳴らすには、「**tone関数**」を使います。

2つの引数があり、順に「スピーカーのピン番号」「周波数」です。

「音階」と「周波数」との関係を、**表5-1**に示します。

表5-1は、ピアノの鍵盤の中央の部分のところ(ラの音が時報の440Hzに相当する部分)です。

オクターブを下げるには値を「半分」にし、上げるには値を「倍」にします。

表5-1　音階と周波数の関係

音階	周波数
ド	261.63
ド#	285.31
レ	302.27
ミ	339.29
ファ	359.46
ファ#	380.84

音階	周波数
ソ	403.48
ソ#	427.47
ラ	452.89
ラ#	479.82
シ	508.36

たとえば「ド」の音を鳴らすには、次のようにします。

```
tone(WIO_BUZZER, 262);
```

これで、音が鳴りはじめるので、鳴らしたいだけ待ちます。

```
delay(500);
```

そして、次の音を鳴らします。
たとえば「レ」の音を鳴らすには、次のようにします。

```
tone(WIO_BUZZER, 302);
```

音を止めるには、「**noTone関数**」を呼び出します。

```
noTone(WIO_BUZZER);
```

5-2 マイクから音を取り込む

「Wio Terminal」には、マイクが付いており、音を取り込むことができます。

■ マイクの基本

マイクは「WIO_MIC ポート」に接続されています。
これはアナログ接続であり、「**analogRead関数**」を使うことで、その値を読み込めます。

リスト5-2に、「マイクの値を読み込んで、画面に表示する」、とてもシンプルなプログラム例を示します。

リスト5-2　マイクの値取得の基本

```
#include <LovyanGFX.hpp>
static LGFX tft;

void setup() {
  // 液晶の初期化など
```

```
  tft.begin();
  digitalWrite(LCD_BACKLIGHT, HIGH);
  tft.setRotation(1);
  tft.fillScreen(TFT_BLACK);

  // マイクを入力に設定
  pinMode(WIO_MIC, INPUT);
}

void loop() {
  int val = analogRead(WIO_MIC);
  tft.println(val);
  delay(200);
}
```

■ 音をグラフ化する

マイクで取り込んだ「音」は、グラフ化するとわかりやすくなります。

Seeed社は、グラフ化するライブラリとして、「Seeed_Arduino_Linechart」というライブラリを提供しています。

【Seeed_Arduino_Linechart】

https://github.com/Seeed-Studio/Seeed_Arduino_Linechart

このライブラリを使って、「マイクの音」をグラフ化してみましょう。

※「Seeed_Arduino_Linechart」は、「LovyanGFXライブラリ」ではなく、「TFT_eSPIライブラリ」のスプライト機能を用いて実装されています。

● Linechartライブラリのインストール

まずは次のようにして、「Seeed_Arduino_Linechartライブラリ」をインストールします。

＊

「ライブラリマネージャ」からでは追加できないので、「GitHub」のソースコード一式をダウンロードして追加します。

手 順 Seeed_Arduino_Linechartライブラリのインストール

[1] Seeed_Arduino_Linechartライブラリをダウンロードする

下記のサイトにアクセスし、GitHubのリポジトリを開く。

[Code]ボタンをクリックし、[Download ZIP]を選択して、ZIP形式でダウンロード(図5-2)。

【Seeed_Arduino_Linechart】

https://github.com/Seeed-Studio/Seeed_Arduino_Linechart

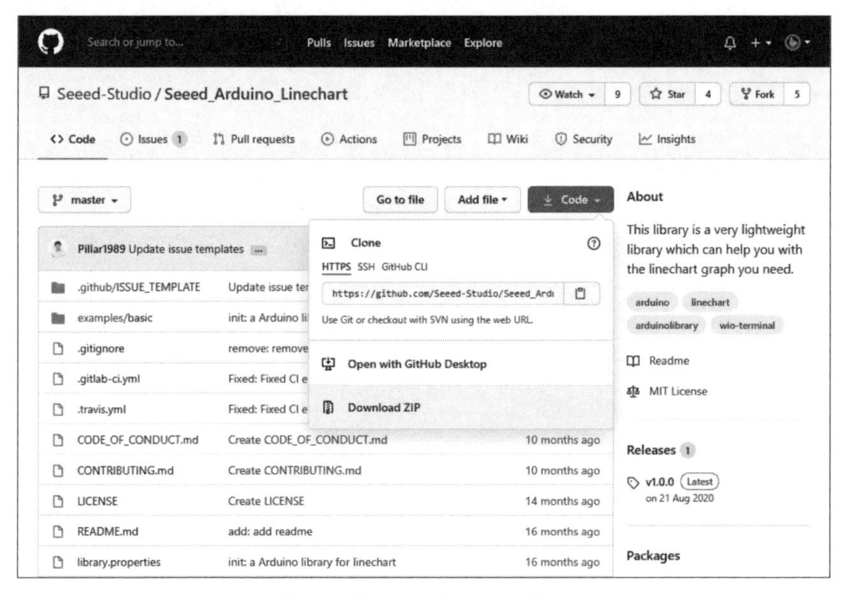

図5-2 ZIP形式でダウンロードする

[2] ライブラリを追加する

「Arduino IDE」の[スケッチ]メニューから[ライブラリをインクルード]—[.ZIP形式のライブラリをインストール]を選択。

「追加するライブラリを選択する画面」が表示されるので、**手順**[1]でダウンロードしたファイルを選択。

● マイクの音声をグラフ表示する例

「マイクの音声」をグラフ表示する例を、**リスト5-3**に示します。

実行すると、マイクに入ってきた音の大きさに合わせてグラフが表示されます(**図5-3**)。

リスト5-3　マイクの音声をグラフ表示する例

```
#include"seeed_line_chart.h"
TFT_eSPI tft;

// 描画用スプライト
TFT_eSprite spr = TFT_eSprite(&tft);

// データのバッファ
#define max_size 50
doubles data;

void setup() {
  // 液晶の初期化など
  tft.begin();

  tft.setRotation(3);
  tft.fillScreen(TFT_BLACK);

  // スプライト作成
  spr.createSprite(TFT_HEIGHT, TFT_WIDTH);

  // マイクを入力に設定
  pinMode(WIO_MIC, INPUT);
}

void loop() {
  spr.fillSprite(TFT_WHITE);
  // バッファ分を使い切ったら、先頭のデータを除去
  if (data.size() == max_size) {
    data.pop();
  }

  // マイクデータを取得
  int val = analogRead(WIO_MIC);
```

```
  data.push(val);

  // 折れ線グラフの作成
  auto content = line_chart(0,0);
  content.height(tft.height())
         .width(tft.width())
         .based_on(0.0) // Y座標の位置
         .show_circle(false)  // 点をプロットしない
         .color(TFT_GREEN)  // 色
         .value(data) // 値
         .draw();

  spr.pushSprite(0, 0);
  delay(50);
}
```

図5-3　リスト5-3の実行結果

■ グラフ表示の基本

このプログラムは、次のように動作します。

● 初期化

この「Seeed_Arduino_Linechartライブラリ」は、ハードコーディングされている箇所が多いため、少し扱いに注意します。

まずは、ライブラリをインクルードします。

```
#include"seeed_line_chart.h"
```

「Seeed_Arduino_Linechartライブラリ」は、「TFT_eSPI」のスプライト機能を使います。

そこで、「TFT_eSPIオブジェクト」と、スプライト用の「TFT_eSpriteオブジェクト」を用意します。
このとき、「TFT_eSpriteオブジェクト」の変数名は、「spr」に決め打ちされているので注意してください。
ほかの変数名にすると、うまく動きません。

```
TFT_eSPI tft;
// 描画用スプライト
TFT_eSprite spr = TFT_eSprite(&tft);
```

このスプライトは、「setup関数」の中で、画面サイズと同じ大きさで初期化します。「TFT_HEIGHT」「TFT_WIDTH」は、それぞれ液晶画面の「高さ」「幅」です。

```
// スプライト差燻製
spr.createSprite(TFT_HEIGHT, TFT_WIDTH);
```

● データ用のバッファの準備

データを保存するバッファを準備します。

＊

「doubles型」で用意して、「いくつデータを保存するか」という、定数の定義をしておきます。

ここでは「50個ぶん」を保存することにしました。

```
#define max_size 50
doubles data;
```

● データの設定

「loop関数」の中では、マイクから取得したデータを保存していきます。

もし、バッファをいま定義した「max_size」だけ使い切ったなら、もっとも古いデータを捨てるようにします。

```
// バッファ分を使い切ったら、先頭のデータを除去
if (data.size() == max_size) {
  data.pop();
}
```

読み込んだデータは、次のように、「pushメソッド」で追加します。

```
// マイクデータを取得
int val = analogRead(WIO_MIC);
data.push(val);
```

■ グラフの作成

グラフは、「line_chart関数」で作ります。

「引数」に指定するのは、「X座標」「Y座標」です。

```
auto content = line_chart(0,0);
```

そして、次のようにして、「高さ」「幅」や「Y座標の位置、点」をプロットするかどうか、「色」「設定値」を決め、最後に「draw()」で、スプライト(「spr変数」で示されているスプライト)に描画します。

```
// 折れ線グラフの作成
auto content = line_chart(0,0);
content.height(tft.height())
       .width(tft.width())
       .based_on(0.0) // Y座標の位置
       .show_circle(false)  // 点をプロットしない
       .color(TFT_GREEN)  // 色
       .value(data) // 値
       .draw();
```

そして最後に、スプライトを画面に配置します。

```
spr.pushSprite(0, 0);
```

ここではグラフだけを表示しましたが、ヘッダを表示する機能もあります。

より詳しい使い方は、Seeed社のWikiページ「Line Charts」を参照してください。

【Line Charts】

https://wiki.seeedstudio.com/Wio-Terminal-LCD-Linecharts/

5-3 加速度センサ

「加速度センサ」を使うと、本体の傾きなどを知ることができます。

■ 加速度センサライブラリのインストール

「加速度センサ」を使うには、「Seeed_Arduino_LIS3DHTR」というライブラリのインストールが必要です。

これは、「ライブラリマネージャ」から追加できないので、「GitHub」のソースコード一式をダウンロードして追加します。

手順 Seeed_Arduino_LIS3DHTRライブラリのインストール

[1] Seeed_Arduino_LIS3DHTRライブラリをダウンロードする

下記のサイトにアクセスし、GitHubのリポジトリを開く。

[Code] ボタンをクリックし、[Download ZIP] を選択して、ZIP形式でダウンロード。

【Seeed_Arduino_LIS3DHTR】

https://github.com/Seeed-Studio/Seeed_Arduino_LIS3DHTR

[2] ライブラリを追加する

「Arduino IDE」の[スケッチ]メニューから[ライブラリをインクルード]―[.ZIP形式のライブラリをインストール]を選択。

追加するライブラリを選択する画面が表示されたら、**手順[1]** でダウンロードしたファイルを選択。

■ 加速度センサを使った例

リスト5-4に、「加速度センサ」を使った例を示します。

実行すると、それぞれの「加速度センサ」の値が、液晶画面に表示されます。

リスト5-4　加速度センサの値を取得する例

```
#include <LovyanGFX.hpp>
static LGFX tft;

#include"LIS3DHTR.h"
LIS3DHTR<TwoWire> lis;

void setup() {
  // 液晶の初期化など
  tft.begin();
  tft.setRotation(1);

  // 加速度センサの初期化
  lis.begin(Wire1);
  lis.setOutputDataRate(LIS3DHTR_DATARATE_25HZ);
  lis.setFullScaleRange(LIS3DHTR_RANGE_2G);
}

void loop() {
  // 加速度センサの値を取得
  float x, y, z;
  x = lis.getAccelerationX();
  y = lis.getAccelerationY();
  z = lis.getAccelerationZ();

  tft.println(String(x) + "," + String(y) + "," + String(z));
  delay(100);
}
```

■ 加速度センサの基本

このプログラムは、次のように動作します。

● インクルードと初期化

まずはライブラリをインストールし、オブジェクト変数を作ります。

```
#include"LIS3DHTR.h"
LIS3DHTR<TwoWire> lis;
```

そして「setup関数」内で、各種の初期化をしていきます。
まずは、「beginメソッド」を呼び出して初期化します。

```
lis.begin(Wire1);
```

次に、読み取り周期を設定します。
ここでは、「25HZ」(1秒間に25回)を指定しました。
指定できる値は、**表5-2**のいずれかです。

```
lis.setOutputDataRate(LIS3DHTR_DATARATE_25HZ);
```

表5-2　読み取り周期

設定値	意味
LIS3DHTR_DATARATE_POWERDOWN	電源オフ
LIS3DHTR_DATARATE_1HZ	1Hz
LIS3DHTR_DATARATE_10HZ	10Hz
LIS3DHTR_DATARATE_25HZ	25Hz
LIS3DHTR_DATARATE_50HZ	50Hz
LIS3DHTR_DATARATE_100HZ	100Hz
LIS3DHTR_DATARATE_200HZ	200Hz
LIS3DHTR_DATARATE_400HZ	400Hz
LIS3DHTR_DATARATE_1_6KH	1.6Khz
LIS3DHTR_DATARATE_5KHZ	5KHz

そして、取得する値の範囲を設定します(**表5-3**)。

ここでは、「LIS3DHTR_RANGE_2G」を指定し、「2G」(Gは重量加速度)の範囲までの値を取得することにしました。

表5-3　レンジ

設定値	意味
LIS3DHTR_RANGE_2G	2G
LIS3DHTR_RANGE_4G	4G
LIS3DHTR_RANGE_8G	8G
LIS3DHTR_RANGE_16G	16G

● 加速度値の取得

「加速度値」は、次のようにして取得します。

```
float x, y, z;
x = lis.getAccelerationX();
y = lis.getAccelerationY();
z = lis.getAccelerationZ();
```

単位は**「G」(重力加速度)**です。

静止しているときは、その方向に「1G」がかかっています。

液晶画面を上に向けたときは、誤差はあるものの、おおむね、

```
X = 0、Y = 0、Z = -1.00
```

の値を示します。

裏返せば、「Z=-1.00」に近くなり、左右に傾ければ、「X」や「Y」の値が変化します。

■ 本体の傾きによってキャラクタを動かす

「加速度センサ」を使った例として、「本体を傾けると、その方向にキャラクタが動く」というサンプルを、**リスト5-5**に示します。

これは、**「4-4　スプライト機能でキャラクタを動かす」**を修正したもので、十字キーで動くものを、傾きでの動きに変更したものです。

リスト5-5では、傾けたときの加速度に応じて、キャラクタの「X座標」「Y座標」を、次のように設定しています。

```
// 加速度センサの値を取得して、その方向に動かす
float ax, ay, az;
ax = lis.getAccelerationX();
ay = lis.getAccelerationY();
az = lis.getAccelerationZ();

tft.drawString(String(ax) + "," + String(ay) + "," +
String(az), 0, 0);

x = x - ay * 6;
y = y + ax * 6;
```

上記の式から分かるように、「液晶画面」と「加速度センサ」の向きは、「X軸」と「Y軸」が逆になっています。

また、「y」の加速度については、正負が逆になっているので注意してください。

リスト5-5　傾けたときにキャラクタを動かすサンプル

```
#include <SPI.h>
#include "Seeed_FS.h"
#include "SD/Seeed_SD.h"
#include <LovyanGFX.hpp>

#include"LIS3DHTR.h"
LIS3DHTR<TwoWire> lis;

static LGFX tft;
// スプライトを作成
static LGFX_Sprite sprite;

// 初期のX、Y座標、回転角、拡大率
int x = 160 - 32;
int y = 120 - 20;

// ボタン定義
int BUTTONS[] = {WIO_KEY_A, WIO_KEY_B, WIO_KEY_C,
```

```
  WIO_5S_UP, WIO_5S_DOWN, WIO_5S_LEFT, WIO_5S_RIGHT, WIO_5S_
PRESS};

void setup() {
  // ボタンを入力プルアップ(第3章を参照)
  for (int i = 0; i < sizeof(BUTTONS) / sizeof(BUTTONS[0]);
i++) {
    pinMode(BUTTONS[i], INPUT_PULLUP);
  }

  // 液晶の初期化など
  tft.begin();

  tft.setRotation(1);
  tft.fillScreen(TFT_BLACK);

  // SDカードの準備ができるまで待つ
  while(!SD.begin(SDCARD_SS_PIN, SDCARD_SPI)){
    tft.println("Waiting SD...");
    delay(100);
  }

  // スプライトの初期化
  sprite.setColorDepth(16); // RGB565
  sprite.createSprite(64, 80);  // 64ピクセル×80ピクセルとして作成
  // 画像読み込み
  sprite.drawPngFile(SD, "my.png", 0, 0);

  // 背景の表示
  tft.drawJpgFile(SD, "back.jpg", 0, 0);

  // 加速度センサの初期化
  lis.begin(Wire1);
  lis.setOutputDataRate(LIS3DHTR_DATARATE_25HZ);
  lis.setFullScaleRange(LIS3DHTR_RANGE_2G);
}

void loop() {
  // 加速度センサの値を取得して、その方向に動かす
  float ax, ay, az;
  ax = lis.getAccelerationX();
```

```
  ay = lis.getAccelerationY();
  az = lis.getAccelerationZ();

  tft.drawString(String(ax) + "," + String(ay) + "," +
String(az), 0, 0);

  x = x - ay * 6;
  y = y + ax * 6;

  if (x < 0) { x = 0;}
  if (x > 320 - 64) { x = 320 - 64;}
  if (y < 0) { y = 0;}
  if (y > 240 - 80) { y = 240 - 80;}

  // 位置を戻すボタン
  if (digitalRead(WIO_5S_PRESS) == LOW) {
    x = 160 - 32;
    y = 120 - 20;
  }

  sprite.pushSprite(&tft, x, y, TFT_GREEN);
}
```

5-4 照度センサ

「Wio Terminal」の裏面の透明な窓の部分には、「照度センサ」があります(図5-4)。

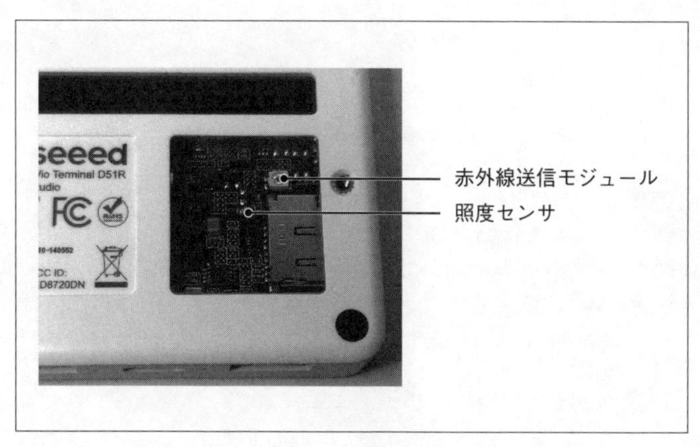

図5-4 照度センサ

■ 照度センサを使った例

照度センサを使った例を、**リスト5-6**に示します。

実行すると、画面中央に光の強度が表示され、それに応じて、「画面の明るさ」が変わります(**図5-5**)。

リスト5-6 照度センサの例

```
#include "TFT_eSPI.h"
TFT_eSPI tft;

void setup() {
  // 液晶の初期化など
  tft.begin();

  tft.setRotation(3);
  tft.fillScreen(TFT_BLACK);
```

```
  // 照度センサの初期化
  pinMode(WIO_LIGHT, INPUT);

  // フォント・表示位置設定
  tft.setTextFont(4);
  tft.setTextDatum(CC_DATUM);
}

void loop() {
  // 値の読み込み
  int light = analogRead(WIO_LIGHT);

  // 色の変換
  int level = map(light, 0, 1023, 0, 255);
  int color = tft.color565(level, level, level);
  tft.fillScreen(color);

  // 文字列
  tft.drawString(String(light), 160, 120);
  delay(10);
}
```

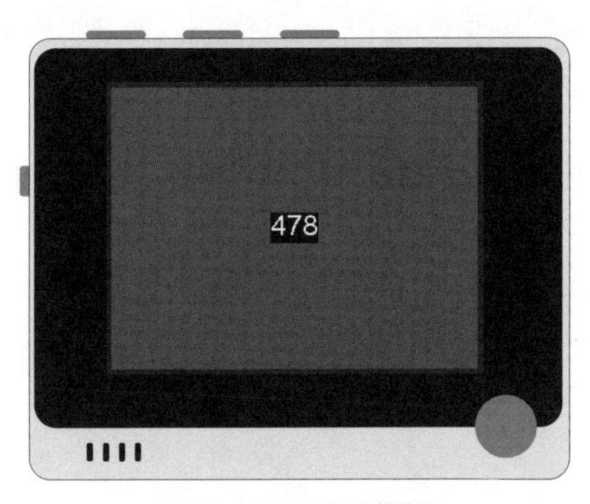

図5-5　リスト5-6の実行結果

■ 照度センサの基本

「照度センサ」は、単純なアナログのデバイスで、「WIO_LIGHT」という「GPIOピン」に接続されています。

利用に当たって、ライブラリなどは必要ありません。

● 初期化

まずは、「WIO_LIGHT」を「入力」(INPUT)として設定します。

```
pinMode(WIO_LIGHT, INPUT);
```

● 値の読み込み

「照度センサの値」を読み込むには、「analogRead関数」を使います。

```
int light = analogRead(WIO_LIGHT);
```

ここでは、「照度センサの値」に応じて、画面の明るさを変えたいので、この値を「色の値」に変換しています。

＊

「照度センサの値」の範囲は「0～1023」です。

これを「色の値」として「0～255」に変換します。

それには、「Arduino言語」の組み込み関数「map」を使うことができます。

```
int level = map(light, 0, 1023, 0, 255);
```

こうして「0～255」に変換した値を、「RGB565形式」に変換し、画面全体を塗りつぶします。

```
int color = tft.color565(level, level, level);
tft.fillScreen(color);
```

照度の「生の値」は、そのまま画面中央に表示します。

```
tft.drawString(String(light), 160, 120);
```

5-5 IR(赤外線)送信

「照度センサ」の近くには、「IR送信機」が内蔵されています(前掲の図5-4を参照)。

赤外線を送信することで、たとえば、「赤外線リモコン」などとして使えます。

■ IRライブラリのインストール

「IR送信機」を扱うには、「Seeed_Arduino_IR」というライブラリを使います。

「ライブラリマネージャ」から追加できないので、「GitHub」のソースコード一式をダウンロードして追加します。

手順 Seeed_Arduino_IRライブラリのインストール

[1] Seeed_Arduino_IRライブラリをダウンロードする

下記のサイトにアクセスし、GitHubのリポジトリを開く。

[Code]ボタンをクリックし、[Download ZIP]を選択して、ZIP形式でダウンロード。

【Seeed_Arduino_IR】

https://github.com/Seeed-Studio/Seeed_Arduino_IR

[2] ライブラリを追加する

Arduino IDEの[スケッチ]メニューから[ライブラリをインクルード]—[.ZIP形式のライブラリをインストール]を選択。

追加するライブラリを選択する画面が表示されたら、**手順**[1]でダウンロードしたファイルを選択。

■ 赤外線コードを調べる

「赤外線リモコン」を作ろうと思う場合、どのような信号なのか、そのフォーマットを知らなければなりません。

「赤外線リモコン」には**「家電製品協会フォーマット」**や**「NECフォーマット」**など、さまざまなフォーマットがあります。

[メモ]

赤外線リモコンの信号構造については、次のサイトが参考になります。

【赤外線リモコンの信号定義データの合成】

http://shrkn65.nobody.jp/remocon/

また、「リモコン」を作るには、操作対象となる「機器」(テレビや照明など、受け側の機器)のフォーマットや送信値を知らなければなりません。

*

フォーマットや送信値は、機器ごとに異なります。

たとえば、下記のサイトには、「テレビ」や「エアコン」「照明機器」などに対応するリモコンコードが公開されているので、こうした情報を元に調査します。

【iRemo2リモコンデータベース】

http://www.256byte.com/remocon/iremo_db.php

■ 赤外線リモコンの例

「赤外線のコード」さえ分かれば、赤外線を送信するのは難しくありません。

「Wio Terminal」のボタンが押されたときに、赤外線コードを送ることで、「赤外線リモコン」として動作するプログラム例を、**リスト5-7**に示します。

リスト5-7は、筆者の部屋についている大光電機社製の「シーリング・ライト」を「オン・オフ」する例です。

ボタンAで「点灯」し、ボタンBで「消灯」するようにしています。

他の機種を操作したいときは、

```
irsender.send(NEC, 0x6102F807);
```

という、この「0x6102F807」の値を、適時、変更してください。

この値は、先に提示した「iRemo2リモコンデータベース」で検索した値です。

[メモ]

> 「**6-3　赤外線学習リモコンを作る**」では、赤外線受信機を取り付けて、学習リモコンを作ります。
>
> 　赤外線コードが分からなかったり、対応しない機器を操作したいときは、そちらも参照してください。

リスト5-7　赤外線リモコンの例

```
// 赤外線ライブラリ
#include "IRLibAll.h"
IRsend irsender;

void setup() {
  // ボタン初期化
  pinMode(WIO_KEY_A, INPUT_PULLUP);
  pinMode(WIO_KEY_B, INPUT_PULLUP);
}

void loop() {
  if (digitalRead(WIO_KEY_A) == LOW) {
      irsender.send(NEC, 0x6102F807);
  }
  if (digitalRead(WIO_KEY_B) == LOW) {
      irsender.send(NEC, 0x61027887);
  }
}
```

■ 赤外線リモコンの基本

このプログラムは、次のように動作します。

● 初期化とオブジェクトの準備

まずは、「赤外線ライブラリ」をインポートし、「IRsendオブジェクト」を用意します。

```
#include "IRLibAll.h"
IRsend irsender;
```

● 赤外線コードの送信

「sendメソッド」を使って、赤外線コードを送信します。

```
irsender.send(NEC, 0x6102F807);
```

第1引数は、「フォーマット種別」です。
次のいずれかの定数を指定できます。

第2引数は、「送信したいコード」です。

```
#define NEC 1
#define SONY 2
#define RC5 3
#define RC6 4
#define PANASONIC_OLD 5
#define JVC 6
#define NECX 7
#define SAMSUNG36 8
#define GICABLE 9
#define DIRECTV 10
#define RCMM 11
#define CYKM 12
```

5-6 RTC

「Wio Terminal」には、「RTC」(real-time clock)が内蔵されていて、時刻を刻むことができます。

ただし「Wio Terminal」にはバッテリが内蔵されていないので、オプションのバッテリベースを付けたり、USBなどから給電し続けない限り、設定した日付や時刻は消えてしまいます。

*

とはいえ、アラーム機能があるので、「一定時間が経過したときに、何か処理をしたい」という場面では、便利に使えると思います。

[メモ]

> Wi-Fiに接続されている状態なら、「日付」や「時刻」の取得に「NTPプロトコル」を使うとよいでしょう。
> 「setup関数」の、最初の「NTPプロトコル」のところで「日付」「時刻」を取得して、それを「RTC」に設定すれば、それを起点に日時を刻めます。

■ RTCライブラリのインストール

「RTC」を利用するには、「Seeed_Arduino_RTCライブラリ」のインストールが必要です。

このライブラリは、ライブラリマネージャから追加できないので、「GitHub」のソースコード一式をダウンロードして追加します。

手順 Seeed_Arduino_RTCライブラリのインストール

[1] Seeed_Arduino_RTCライブラリをダウンロードする

下記のサイトにアクセスし、GitHubのリポジトリを開く。

[Code]ボタンをクリックし、[Download ZIP]を選択して、ZIP形式でダウンロード。

【Seeed_Arduino_RTC】

https://github.com/Seeed-Studio/Seeed_Arduino_RTC

[2]　ライブラリを追加する

Arduino IDEの[スケッチ]メニューから[ライブラリをインクルード]—[.ZIP形式のライブラリをインストール]を選択。

追加するライブラリを選択する画面が表示されたら、**手順[1]**でダウンロードしたファイルを選択。

■ RTCを利用した例

リスト5-8に「RTC」を利用した例を示します。

実行すると、画面に「2020年1月1日 00:00:00」からの日時が表示され、「15秒後」にアラームが鳴ります(**図5-6**)。

リスト5-8　RTCを利用した例

```
#include <LovyanGFX.hpp>
static LGFX tft;

#include "RTC_SAMD51.h"
#include "DateTime.h"
RTC_SAMD51 rtc;

void setup() {
  // 液晶の初期化など
  tft.begin();

  tft.setRotation(1);
  tft.fillScreen(TFT_BLACK);

  // フォントと文字基準位置の設定
  tft.setTextFont(4);
  tft.setTextDatum(CC_DATUM);

  // スピーカーを出力に
  pinMode(WIO_BUZZER, OUTPUT);

  // RTC開始
  rtc.begin();
```

```
  // 時刻の設定
  // ここでは「2021年1月1日　0時0分0秒」に設定する
  DateTime now = DateTime(2021, 1, 1, 0, 0, 0);
  rtc.adjust(now);

  // アラームの設定
  // 15秒
  TimeSpan ts = TimeSpan(0, 0, 0, 15);
  DateTime alarm = now + ts;

  rtc.setAlarm(0, alarm);
  rtc.enableAlarm(0, rtc.MATCH_YYMMDDHHMMSS);

  rtc.attachInterrupt(eventFunc);
}

void loop() {
  // 現在時刻を取得
  DateTime now = rtc.now();

  // 画面に表示
  tft.fillScreen(TFT_BLACK);
  char datestr[32], timestr[32];
  sprintf(datestr, "%04d-%02d-%02d", now.year(), now.month(),
now.day());
  sprintf(timestr, "%02d:%02d:%02d", now.hour(), now.minute(),
now.second());

  tft.drawString(datestr, 160, 60);
  tft.drawString(timestr, 160, 120);

  delay(100);
}

void eventFunc(uint32_t flag) {
  // アラームを鳴らす
  for (int t = 0; t < 3; t++) {
    for (int i = 0; i < 100; i++) {
      digitalWrite(WIO_BUZZER, HIGH);
      delayMicroseconds(1200);
      digitalWrite(WIO_BUZZER, LOW);
```

```
      delayMicroseconds(1200);
    }
    delay(100);
  }
}
```

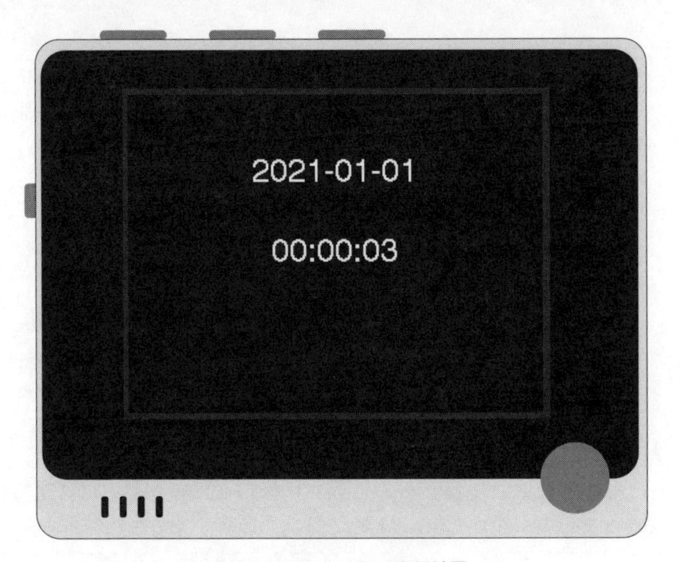

図5-6　リスト5-8の実行結果

■ RTCの基本

このプログラムは、次のように動作します。

● インクルードと初期化

まずは、「RTCライブラリ」をインクルードし、「RTC_SAMD51オブジェクト」を用意します。

```
#include "RTC_SAMD51.h"
#include "DateTime.h"
RTC_SAMD51 rtc;
```

そして、「beginメソッド」を呼び出して初期化します。

この呼び出しを忘れると、日付時刻を設定しても、それらが進まないので注意してください。

```
// RTC開始
rtc.begin();
```

● 日付と時刻の設定

「adjustメソッド」を使って、「RTC」に対して、「日付」と「時刻」を設定します。

「日付」「時刻」を示す構造体として、「DateTime」が定義されているので、それを使います。

*

ここでは、次のようにして、「2021年1月1日 0時0分0秒」を設定しています。

```
DateTime now = DateTime(2021, 1, 1, 0, 0, 0);
rtc.adjust(now);
```

[メモ]

Wi-Fiに接続されている状態なら、「NTPプロトコル」を使って、正しい時刻を設定できます。(詳細は、7-6　NTPで時刻を取得するで説明します)

[メモ]

「DateTime型」には、さまざまなコンストラクタがあります。
詳細は、以下のソースファイルを参照してください。

https://github.com/Seeed-Studio/Seeed_Arduino_RTC/blob/master/src/DateTime.h

● 日付と時刻の取得

上記のように「adjustメソッド」で設定すると、「RTC」は、時を刻んでいきます。
(「beginメソッド」を呼び出していないと、時を刻まないので注意)

「RTC」に設定された「現在の日付と時刻」は、「nowメソッド」で取得できます。

```
// 現在時刻を取得
DateTime now = rtc.now();
```

このサンプルでは、この「日付」「時刻」を、次のようにして、画面に表示しています。

```
char datestr[32], timestr[32];
sprintf(datestr, "%04d-%02d-%02d", now.year(), now.month(),
now.day());
sprintf(timestr, "%02d:%02d:%02d", now.hour(), now.minute(),
now.second());

tft.drawString(datestr, 160, 60);
tft.drawString(timestr, 160, 120);
```

● アラーム処理関数の設定

「RTC」には、「アラーム」を設定できます。
まずは、「アラームを処理する関数」を設定します。

ここでは、「eventFunc」という関数にしました。

```
// 処理する関数
rtc.attachInterrupt(eventFunc);
```

この「eventFunc関数」には、「アラーム音」を鳴らす処理を実装しています。

「Wio Terminal」で音階を鳴らすには「tone関数」を使えばよい、と説明しましたが、ここでは「tone関数」を使わずに、高速に「オン・オフ」を繰り返すことで、音を鳴らしています。
なぜなら、「tone関数」が内部でタイマーを利用しているため、アラーム処理の設定内で、こうしたタイマーを実行すると、正しく動作しないからです。

```
void eventFunc(uint32_t flag) {
  // アラームを鳴らす
  for (int t = 0; t < 3; t++) {
    for (int i = 0; i < 100; i++) {
      digitalWrite(WIO_BUZZER, HIGH);
      delayMicroseconds(1200);
      digitalWrite(WIO_BUZZER, LOW);
```

```
      delayMicroseconds(1200);
    }
    delay(100);
  }
}
```

■ アラーム時刻の設定と有効化

「処理関数」を設定したら、次に、「アラーム時刻」を設定します。
時刻は、「DateTimeオブジェクト」として指定します。

「DateTime.hファイル」には、実は、「経過時間」を定義して、「何分後」や「何分前」などを指定できる「TimeSpanオブジェクト」が定義されています。
ここでは、このオブジェクトを使って、「15秒後」と設定しました。

*

まずは、次のようにして、15秒後の日付と時刻が格納された「DateTimeオブジェクト」を作ります。

```
// 15秒
TimeSpan ts = TimeSpan(0, 0, 0, 15);
DateTime alarm = now + ts;
```

実際に設定するには、「setAlarmメソッド」を呼び出します。
「引数」には、「アラームのID」を設定します。

ここでは「0」を指定していますが、他にもいくつかのアラームを設定したいときは「1」「2」…、などのようにすることで、同時に複数のアラームを設定できる仕組みになっています。

```
rtc.setAlarm(0, alarm);
```

最後に、アラームを有効にします。
「enableAlarmメソッド」を呼び出します。

```
rtc.enableAlarm(0, rtc.MATCH_YYMMDDHHMMSS);
```

「引数」に指定するのは、「繰り返しの条件」です。

ここでは「MATCH_YYMMDDHHMMSS」を指定し、「1回限り」だけ実行するようにしました(**表5-4**)。

＊

ここでは説明しませんが、アラームを解除するには「disableAlarm関数」を使います。

詳細は、「RTC_SAMD51.hファイル」を参照してください。

【RTC_SAMD51.hファイル】

https://github.com/Seeed-Studio/Seeed_Arduino_RTC/blob/master/src/RTC_SAMD51.h

表5-4　enableAlarmに設定する定数

定　数	意　味
MATCH_OFF	無効
MATCH_SS	毎分。秒が一致した時刻
MATCH_MMSS	毎時。分と秒が一致した時刻
MATCH_HHMMSS	毎日。時・分・秒が一致した時刻
MATCH_DHHMMSS	毎月。日・時・分・秒が一致した時刻
MATCH_MMDDHHMMSS	毎年。月・日・時・分・秒が一致した時刻
MATCH_YYMMDDHHMMSS	1回限り。指定した年・月・日・時・分・秒が、すべて一致した時刻

第6章

Groveモジュールを使う

「Groveモジュール」は、「スイッチ」や「センサ」など、各種デバイスをコネクタでつなぐ規格です。

「Wio Terminal」には、2つの「Groveモジュール端子」が付いており、さまざまな「Groveモジュール」を接続できます。

6-1 Groveモジュールとは

「Groveモジュール」とは、「Wio Terminal」の開発元でもあるSeeed社が提唱する、「4ピンの小さなコネクタで、さまざまなデバイスを接続する仕組み」です。

Seeed社のサイトで確認すると、「温度センサ」「湿度センサ」「照度センサ」「液晶モジュール」「モーター・ドライバ」「LEDテープを制御するドライバ」など、さまざまなモジュールがあるのが分かります(図6-1)。

これらのモジュールは、日本国内でもマイコンを扱っているパーツショップで購入できますし、また、他のメーカーも、互換性のある「GROVEモジュール」を作っています。

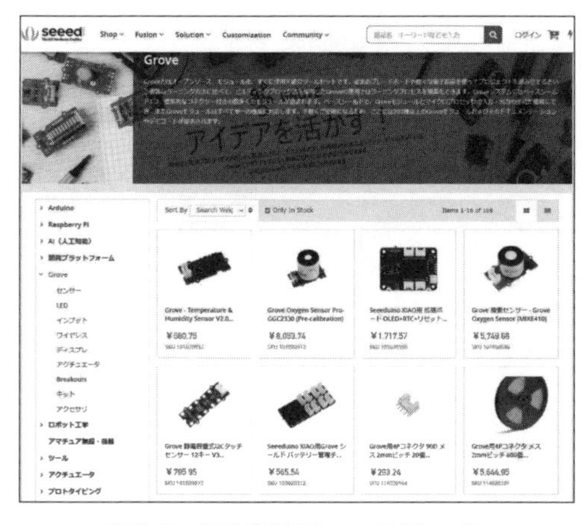

図6-1 さまざまなGroveモジュール

■ Groveモジュールのつなぎかた

「Groveモジュール」は、**図6-2**のように、専用の4ピンのケーブルを使って接続します。

このケーブルは、ほとんどの場合、「Groveモジュール」に付属しています。
(別売りで、ケーブルだけ購入することもできます)

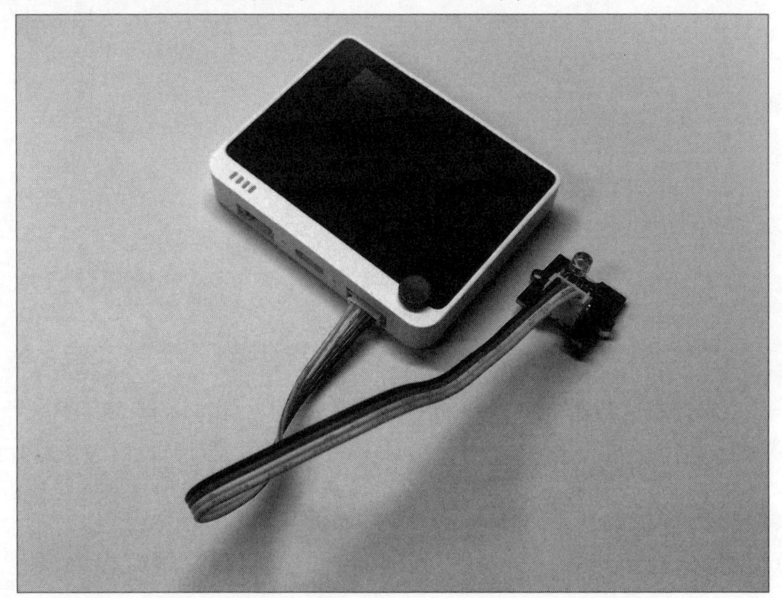

図6-2 Groveモジュールのつなぎかた

■ Groveモジュールの種類

「Groveモジュール」は、どれも**図6-2**のように4ピンのケーブルで接続しますが、いくつかの規格があり、マイコンとの組み合わせによって、使えないものもあります。

どのような規格なのかは、Webサイトなどの部品ページや、パッケージに含まれている紙に記載されています(**図6-3**)。

図6-3 Groveモジュールの種類(製品に同梱されている紙の記載例)

●電源電圧(Supply Voltage)

まず、動作には**「電源電圧」**の区分があります。

「5V動作」と「3.3V動作」があり、モジュールによっては、両対応のものもあります。

「Wio Terminal」が対応するのは、**「3.3VのGroveモジュール」**のみです。

「5V」でしか動作しないGroveモジュールは使えないので、注意してください。

●インターフェイスの種類(Interface)

インターフェイスの種類として、**「アナログ」「デジタル」「I2C」**の3種類があります。

「Wio Terminal」では、どれも使えますが、すぐあとに説明するように、左右のどちらのコネクタに接続するのかで異なります。

・アナログ

アナログで制御するモジュールです。

簡易な「温度センサ」や「照度センサ」「マイク」など、電圧の大小が温度や明るさを示すセンサが、このタイプです。

・デジタル

デジタルで制御するモジュールです。

「スイッチ」や「LED」「ブザー」など、「オン」「オフ」で動作します。

「1-Wire」と呼ばれるマキシム社の通信規格で通信するモジュールも、このデジタルの部類に含まれます。

・I2C

「I2C」は、フィリップス社が提唱している、モジュールを信号で制御するための規格です。

決まった「コマンド」を送ることで、動作させます。

「液晶モジュール」など、「文字コード」や「ビットマップ画像」などを送る、複雑なデバイスや、デジタルの各種センサで使われます。

■ Wio TerminalのGrove端子

「Wio Terminal」には、2つの「Grove端子」があります。

左側が「I2C」、右側が「アナログ、またはデジタル」です。(図6-4)。

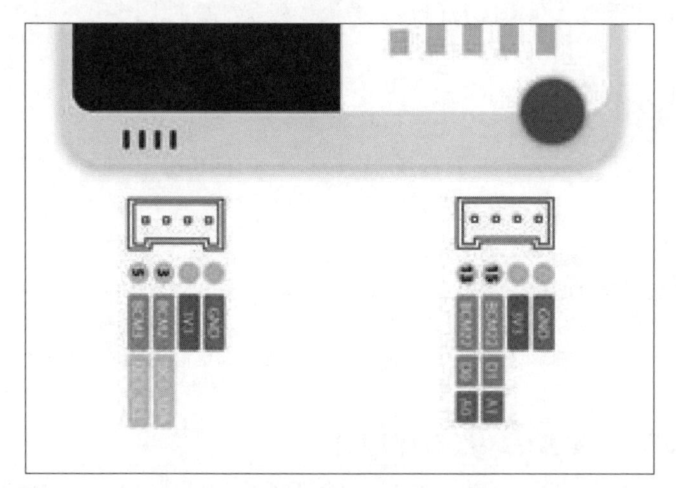

図6-4　Wio TerminalのGrove端子

■ Groveモジュールを使うためのライブラリ

「Groveモジュール」は、仕様が公開されているだけでなく、「Arduino IDE用」のライブラリが公開されていることがほとんどです。

そのため、そうしたライブラリを使えば、自分で複雑なプログラムを作らなくても、すぐに利用できるのも特徴です。

6-2 温湿度計を作ってみる

実際に、「Groveモジュール」を使って、いくつかサンプルを作ってみましょう。
まずは、「温湿度計」を作ってみます。

■ デジタル温度、湿度センサ

今回は、温湿度計の機能をもつ「Groveモジュール」として、「デジタル温度、湿度センサ」を使います。
これは、センサとして「**DHT11**」を搭載したものです(**図6-5**)。

「DHT11」は、「1-Wire」という規格でやりとりするデジタル接続のモジュールです。
そこで、「Wio Terminal」の右側に接続します(**図6-6**)。

[メモ]

本書では「DHT11」を搭載したモジュールを紹介しますが、ほかにも、アナログで計測するものやI2C接続のものなど、いくつか種類があります。
また、使い方はほぼ同じで、精度を高めた「DHT22」を搭載したものもあります。

【デジタル温度、湿度センサ(DHT11)】

https://wiki.seeedstudio.com/Grove-TemperatureAndHumidity_Sensor/

図6-6　Groveモジュール「DHT11」

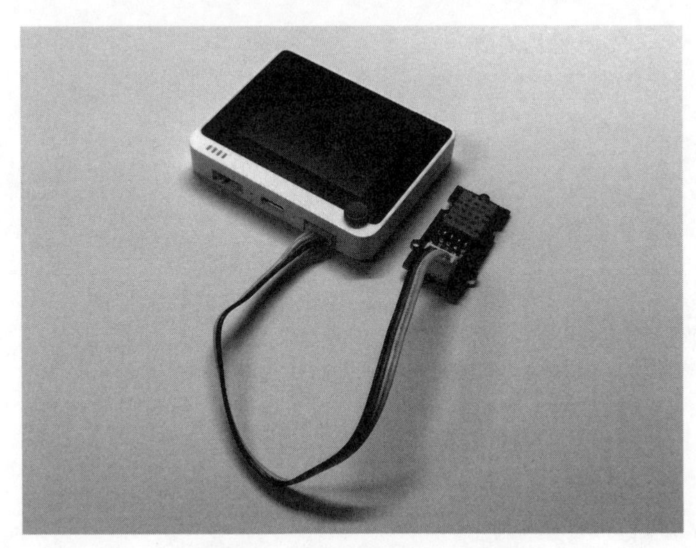

図6-7　Wio TerminalとDHT11とを接続する

■ DHTライブラリのインストール

まずは、次のようにして、「**Seeed DHTライブラリ**」をインストールします。

このライブラリは、「ライブラリマネージャ」から追加できないので、「GitHub」のソースコード一式をダウンロードして追加します。

手 順　Seeed DHTライブラリのインストール

[1]　Seeed DHTライブラリをダウンロードする

下記のサイトにアクセスし、「GitHub」のリポジトリを開く。

[Code]ボタンをクリックし、[Download ZIP]を選択して、ZIP形式でダウンロード。

【Seeed_DHT】

https://github.com/Seeed-Studio/Grove_Temperature_And_Humidity_Sensor

[2]　ライブラリを追加する

Arduino IDEの[スケッチ]メニューから[ライブラリをインクルード]―[.ZIP形式のライブラリをインストール]を選択します。

追加するライブラリを選択する画面が表示されたら、手順[1]でダウンロードしたファイルを選択します。

■ 温湿度を表示する例

温湿度を取得して、液晶画面に数値で表示する例を、**リスト6-1**に示します(図6-8)。

リスト6-1　温湿度を表示する例

```
#include <LovyanGFX.hpp>
static LGFX tft;

#include "DHT.h"
#define DHTPIN 0
```

```
#define DHTTYPE DHT11

DHT dht(DHTPIN, DHTTYPE);

void setup() {
  // 液晶の初期化など
  tft.begin();

  tft.setRotation(1);
  tft.fillScreen(TFT_BLACK);

  Wire.begin();
  dht.begin();
}

void loop() {
  float temp_hum_val[2];
  if (!dht.readTempAndHumidity(temp_hum_val)) {
      tft.print("Temperature:");
      tft.println(temp_hum_val[1]);
      tft.print("Humidity:");
      tft.println(temp_hum_val[0]);
  }
  delay(1000);
}
```

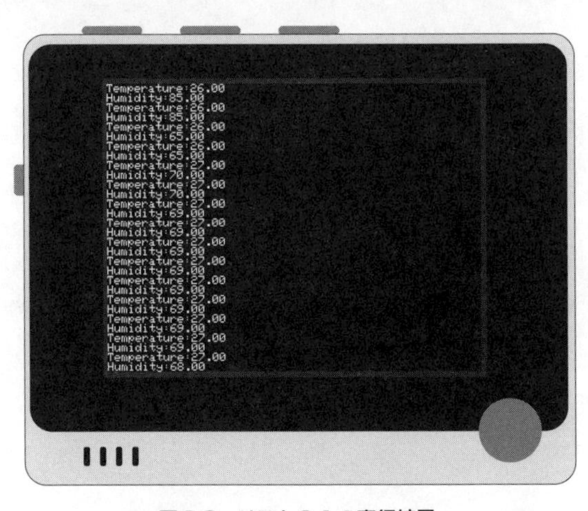

図6-8　リスト6-1の実行結果

■ 温湿度取得の基本

このプログラムは、次のように動作します。

● 初期化

まずは、必要なライブラリをインクルードします。

```
#include "DHT.h"
```

「温湿度」を取得するには、「**DHTオブジェクト**」を使います。
「DHTオブジェクト」を作るには、「接続しているピン番号」と「センサの種類」を指定します。

「Wio Terminal」の右側に接続した場合、「D0（デジタルの0番）」に接続されるので、ピン番号は「0」です。
ここで利用している「Groveモジュール」は「DHT11」を搭載しているので、「DHT11」を指定します。

```
#define DHTPIN 0
#define DHTTYPE DHT11

DHT dht(DHTPIN, DHTTYPE);
```

実際に利用するには、「初期化」が必要です。

「setup関数」内の処理にあるように、初期化は、次のようにします。
「Wire.begin()」は、「1-Wire」を初期化するための処理です。

```
Wire.begin();
dht.begin();
```

■ 温湿度の取得

「温湿度」を取得するには、「**readTempAndHumidityメソッド**」を使います。

「値」は、「float型」の配列として返されます。
そのため、あらかじめ配列を用意しておき、それを「引数」に渡します。

```
float temp_hum_val[2];
dht.readTempAndHumidity(temp_hum_val);
```

すると、「temp_hum_val[0]」に湿度、「temp_hum_val[1]」に温度が、それぞれ格納されます。

■ 温度をグラフにする

数値としてとれたなら、それをグラフ化するのも簡単です。
「5-2　マイクから音を取り込む」で説明した「Seeed_Arduino_Linechartライブラリ」を使って、温度をグラフにする例を、**リスト6-2**に示します(**図6-9**)。

プログラムの動作は、マイクのときと同じですが、描画の際に、「show_circle(true)」を指定しているため、実行結果の**図6-9**を見ると分かるように、「点」がプロットされます。

リスト6-2　温度をグラフ化する例

```
#include "DHT.h"
#define DHTPIN 0
#define DHTTYPE DHT11

DHT dht(DHTPIN, DHTTYPE);

#include"seeed_line_chart.h"
TFT_eSPI tft;

// 描画用スプライト
TFT_eSprite spr = TFT_eSprite(&tft);

// データのバッファ
```

```
#define max_size 50
doubles data;

void setup() {
  // 液晶の初期化など
  tft.begin();
  digitalWrite(LCD_BACKLIGHT, HIGH);
  tft.setRotation(3);
  tft.fillScreen(TFT_BLACK);

  // スプライト作成
  spr.createSprite(TFT_HEIGHT, TFT_WIDTH);

  // マイクを入力に設定
  pinMode(WIO_MIC, INPUT);
}

void loop() {
  spr.fillSprite(TFT_WHITE);
  // バッファ分を使い切ったら、先頭のデータを除去
  if (data.size() == max_size) {
    data.pop();
  }

  // 温度データを取得
  float temp_hum_val[2];
  if (!dht.readTempAndHumidity(temp_hum_val)) {
    data.push(temp_hum_val[1]);
  }

  // 折れ線グラフの作成
  auto content = line_chart(0,0);
  content.height(tft.height())
         .width(tft.width())
         .based_on(0.0) // Y座標の位置
         .show_circle(true)  // 点をプロットする
         .color(TFT_GREEN)  // 色
         .value(data) // 値
         .draw();

  spr.pushSprite(0, 0);
```

```
  delay(50);
}
```
```

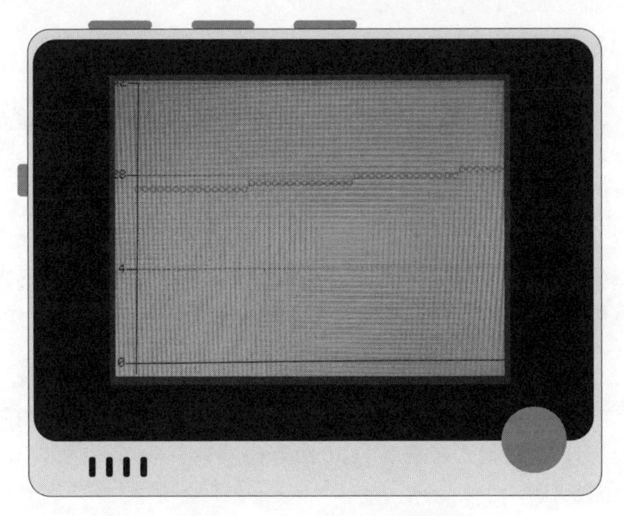

図6-9　リスト6-2の実行結果

```

6-3 赤外線学習リモコンを作る

もうひとつ、「Groveモジュール」を使った例として、「IR受信機」を紹介します。

「5-5　IR（赤外線）送信」では、あらかじめ赤外線コードがわかっていることを前提にした「赤外線リモコン」を作りました。
この方法は、「Wio Terminal」本体だけで実現できるメリットがありますが、赤外線リモコンのコードを調べるのが煩雑ですし、そもそもこうしたコードがわからないリモコンもあります。

そこで、この節では、「IR受信機」を取り付けて、そこに向けてリモコンから送信したときに信号を記録して、それを出力する「赤外線学習リモコン」を作ってみます。

■ Grove赤外線レシーバー

ここでは、赤外線受信ができる「Grove赤外線レシーバー」というモジュールを使います（図6-10）。

これは、「デジタル」のGroveモジュールなので、「Wio Terminal」の右側に接続します（図6-11）。

【Grove赤外線レシーバー】

https://jp.seeedstudio.com/Grove-Infrared-Receiver.html

図6-10　Grove赤外線レシーバー

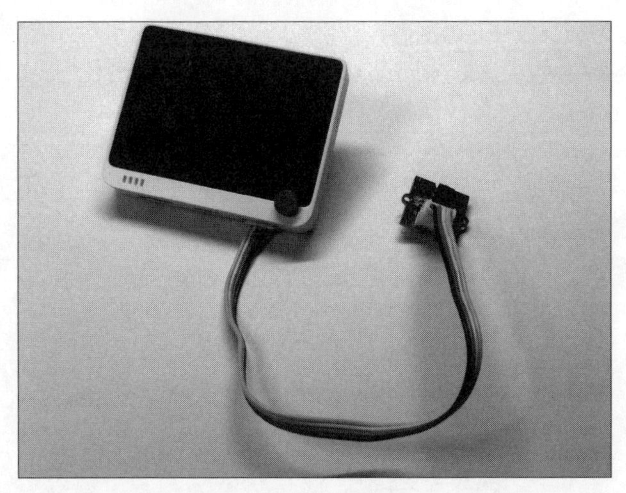

図6-11　Wio Terminalに赤外線受信モジュールを接続する

■ 赤外線操作のためのライブラリ

赤外線操作のためにはライブラリが必要ですが、「5-5　IR（赤外線）送信」で利用した「Seeed_Arduino_IRライブラリ」を、受信のほうにも利用可能です。

「5-5　IR（赤外線）送信」を参考にして、「Seeed_Arduino_IRライブラリ」をインストールしておいてください。

■ 赤外線学習リモコンの例

「学習リモコン」のプログラムを、**リスト6-3**に示します。

リストでは、「Wio Terminal」の十字キーの「上」「下」「左」「右」の4ボタンのそれぞれに、リモコンコードを学習できるようにしました。

使い方は、次の通りです。

【学習】

①「ボタンA」を押しながら「方向キー」を押すと、「学習モード」に入る
②「Grove赤外線レシーバー」に赤外線リモコンを向け、「学習させたいリモコンのボタン」を押して、赤外線を送信する
③学習が完了する

【学習したリモコンコードの送信】

●方向キーを押すと、「Wio Terminal」の送信部から、「学習したリモコンコード」が送信される。

リスト6-3 赤外線学習リモコンの例

```
#include <LovyanGFX.hpp>
static LGFX tft;

#include "IRLibAll.h"

// 読み込みオブジェクトとデコーダー
IRrecvPCI myReceiver(0);
IRdecode myDecoder;

// 送信オブジェクト
IRsend irsender;

// ボタン
int BUTTONS_5[] = {
  WIO_5S_UP, WIO_5S_DOWN, WIO_5S_LEFT, WIO_5S_RIGHT
};

// 赤外線データ(IRLibDecodeBase.hより)
struct recdata {
  uint8_t protocolNum = 0xff;
  uint32_t value;
};

struct recdata recdata[4];
int reckey = -1;

void setup() {
  // 液晶の初期化など
  tft.begin();
  digitalWrite(LCD_BACKLIGHT, HIGH);
  tft.setRotation(1);
  tft.fillScreen(TFT_BLACK);

  // ボタンの初期化
  for (int i = 0; i < sizeof(BUTTONS_5) / sizeof(BUTTONS_5[0]);
```

```
i++) {
    pinMode(BUTTONS_5[i], INPUT_PULLUP);
  }
  pinMode(WIO_KEY_A, INPUT_PULLUP);
  tft.println("start");
}

void loop() {
  if (digitalRead(WIO_KEY_A) == LOW && reckey == -1) {
    // 記録
    for (int i = 0; i < sizeof(BUTTONS_5) /
sizeof(BUTTONS_5[0]); i++) {
      if (digitalRead(BUTTONS_5[i]) == LOW) {
        reckey = i;
        myReceiver.enableIRIn();
        tft.println("Recording...");
      }
    }
  } else {
    // 送信
    if (reckey == -1) {
      for (int i = 0; i < sizeof(BUTTONS_5) /
sizeof(BUTTONS_5[0]); i++) {
        if (digitalRead(BUTTONS_5[i]) == LOW) {
          if (recdata[i].protocolNum == 0xff) {
            tft.println("Not recording");
          } else {
            switch (recdata[i].protocolNum) {
              case NEC:
                irsender.send(recdata[i].protocolNum,
recdata[i].value);
                break;
              default:
                tft.println("Unknown");
            }
          }
        }
      }
    }
  }
  if (myReceiver.getResults()) {
```

```
    // 受信完了
    myDecoder.decode();
    tft.println("OK");
    tft.println(myDecoder.protocolNum);
    tft.println(myDecoder.value);
    recdata[reckey].protocolNum = myDecoder.protocolNum;
    recdata[reckey].value = myDecoder.value;
    reckey = -1;
  }
}
```

[メモ]

リスト6-3は、「NECフォーマット」しか対応していません。
そのため、他のフォーマットに対応するためにはコードの改良が必要です。

なお、「IRsendRawオブジェクト」を使えば、フォーマット化されないコード(たとえばエアコンのようなコード)にも対応できますが、一部の機種のコードは長くて記録できないため、「Seeed_Arduino_IRライブラリ」自体に手を加えないと、記録できないこともあります。

■ 赤外線学習リモコンの基本

このプログラムは、次のように動作します。

● 初期化

まずは、必要なライブラリをインクルードします。

```
#include "IRLibAll.h"
```

受光するには、「IRrecvPCIオブジェクト」と「IRdecodeオブジェクト」を使います。

下記で「引数」として渡している「0」は、「接続したポート番号」です。
「Wio Terminal」の場合は、「A0ポート」に接続されるため、「0」を指定します。

```
// 読み込みオブジェクトとデコーダー
IRrecvPCI myReceiver(0);
IRdecode myDecoder;
```

● 受光

受光を始めるには、「enableIRInメソッド」を呼び出します。

```
myReceiver.enableIRIn();
```

受光に成功したときは、「getResultsメソッド」の戻り値が「True」になります。

```
if (myReceiver.getResults()) {
        …受光成功…
}
```

● デコード

受光に成功していたら、その赤外線コードを「デコード」します。

```
myDecoder.decode();
```

すると、「protocolNumプロパティ」に「NEC」などの赤外線プロトコルコードが、「valueプロパティ」に、デコードした値が、それぞれ取得できます。

サンプルでは、この値を、「recdata配列」に保存しています。

[メモ]

> ここでは、配列に保存しているので、電源を抜くと、学習したデータはなくなってしまいます。
> 実用的に使うなら、読み込んだデータを「microSDカード」に保存するなど、不揮発なところに保存しておいたほうがよいでしょう。

```
recdata[reckey].protocolNum = myDecoder.protocolNum;
recdata[reckey].value = myDecoder.value;
```

こうしてデコードしたデータは、「5-5　IR(赤外線)送信」で説明したように、「IRsendオブジェクト」の「sendメソッド」を使って送信できます。

```
// 取得した赤外線コードの送信
irsender.send(recdata[i].protocolNum, recdata[i].value);
```

第7章
Wi-Fi

「Wio Terminal」には、「Wi-Fi機能」が内蔵されていて、無線LANに接続できます。
無線LANに接続すれば、家庭内LANやインターネットと接続できるようになります。

7-1 Wi-Fiを使うためのファームウェアの更新

「Wi-Fi機能」を使うには、まず、「ファームウェアの更新」が必要です。

手順の詳細は、下記の公式ページに記載されています。
最新の手順は更新されることがあるので（実際、過去に一度、ツールが変更されています）、作業前に公式ページを必ず確認してください。

【ネットワークの概要】

https://wiki.seeedstudio.com/Wio-Terminal-Network-Overview/

手順 ファームウェアを更新する

[1] 更新ツールをダウンロードする

［スタート］メニューから、Windowsの「PowerShell」を起動。
次のコマンドを入力して、「フラッシュに書き込むツール」をダウンロードする。

```
cd ~
git clone https://github.com/Seeed-Studio/ambd_flash_tool
```

「amdb_flash_tool」フォルダに、ツール一式がダウンロードされたら、カレントフォルダを、そこに移動する。

```
cd ambd_flash_tool
```

[2] Wio TerminalをPCと接続する

Wio TerminalをPCと接続して、電源を入れる。

[3] フラッシュを削除する

現在のフラッシュを削除するため、次のコマンドを入力する。

実行中は、進捗を示すいくつかのメッセージが表示される。

```
.¥ambd_flash_tool.exe erase
```

> ※この作業には、数分かかります。
> 実行完了まで、ウィンドウを閉じないようにしてください。

[4] 最新版のファームウェアにアップデートする

次のコマンドを入力して、最新版のファームウェアにアップデートする。

こちらも、実行にしばらく時間がかかる。

```
.¥ambd_flash_tool.exe flash
```

[5] Seeed SAMD Boardの更新

これで「Wio Terminal」自体の更新は、完了したので、次に、「Arduino IDE」のソフトウェアを変更する。

「Arduino IDE」を起動し、[ツール]メニューから[ボード]―[ボードマネジャ]を開く。

「Wio Terminal」を検索すると、「Seeed SAMD Boards」が見つかるので、左側のドロップダウンから最新のものを選択。

[更新]ボタンをクリックして、最新版にアップデートする(図7-1)。

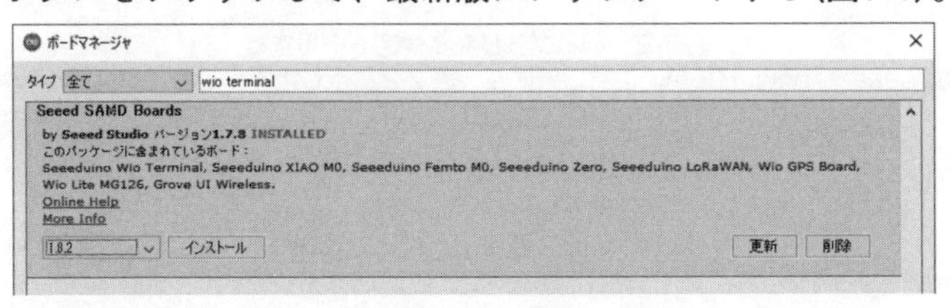

図7-1 Seeed SAMD Board

7-2 Wi-Fiを利用する際のライブラリ

Wi-Fiを利用するには、いくつかのライブラリを使います。
表7-2に主なライブラリを示します。

ライブラリは、すべて、「Arduino IDE」からインストールできます。
[スケッチ]メニューから[ライブラリをインクルード]―[ライブラリを管理]をクリックしてライブラリマネージャを開き、該当の項目を検索して、すべてのライブラリをインストールしてください(図7-2)。

表7-2 Wi-Fiに関連するライブラリ

ライブラリ名	URL	ライブラリマネージャでの検索語句
Seeed_Arduino_rpcWiFi	https://github.com/Seeed-Studio/Seeed_Arduino_rpcWiFi	seeed rpcwifi
Seeed_Arduino_rpcUnified	https://github.com/Seeed-Studio/Seeed_Arduino_rpcUnified	seeed rpcunified
Seeed_Arduino_mbedtls	https://github.com/Seeed-Studio/Seeed_Arduino_mbedtls	seeed mbedtls
Seeed_Arduino_FS	https://github.com/Seeed-Studio/Seeed_Arduino_FS	seeed fs
Seeed_Arduino_SFUD	https://github.com/Seeed-Studio/Seeed_Arduino_SFUD	seeed sfud

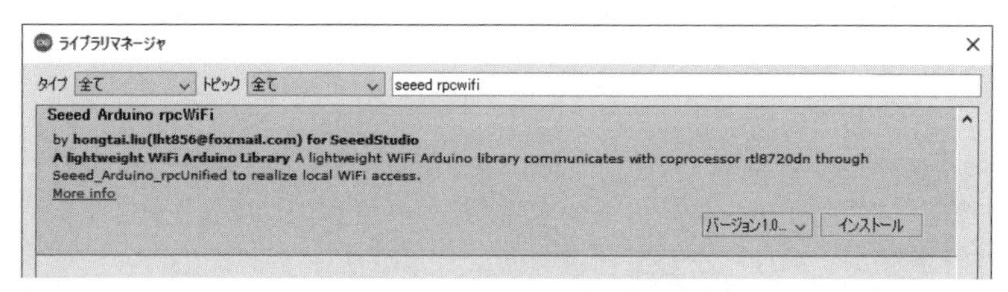

図7-2 ライブラリをインストールする
画面は「seeed_rpcwifi」だが、これ以外にも、表7-2に示したすべてをインストールする。

7-3 Wi-Fi接続

準備ができたところで、Wi-Fiを操作する方法を順に説明していきます。
まずは、「Wi-Fiの接続方法」からです。

■ Wi-Fiに接続する

Wi-Fiに接続するプログラムを、**リスト7-1**に示します。

リスト7-1では、冒頭に「SSID」と「パスワード」を定義しています。
この値は、無線LANルータの設定情報と合わせてください。
「Wio Terminal」は、「2.4GHz系」と「5GHz系」の、どちらにも対応しています。

接続が完了すると、画面には、割り当てられた「IPアドレス」が表示されます(**図7-3**)。

リスト7-1 Wi-Fi接続するプログラムの例

```
#include <LovyanGFX.hpp>
static LGFX tft;

#include "rpcWiFi.h"
const char* ssid = “SSIDを記入”;
const char* password =  “パスワードを記入”;

void setup() {
  // 液晶の初期化など
  tft.begin();

  tft.setRotation(1);
  tft.fillScreen(TFT_BLACK);

  // 子機(STA：ステーションモード)に切り替えて切断する
  WiFi.mode(WIFI_STA);
  WiFi.disconnect();

  // 接続する
  do {
    tft.print(".");
    WiFi.begin(ssid, password);
```

```
    delay(500);
  } while (WiFi.status() != WL_CONNECTED);

  tft.println("Connected");

  // IPアドレスを表示
  tft.println(WiFi.localIP());
}

void loop() {
}
```

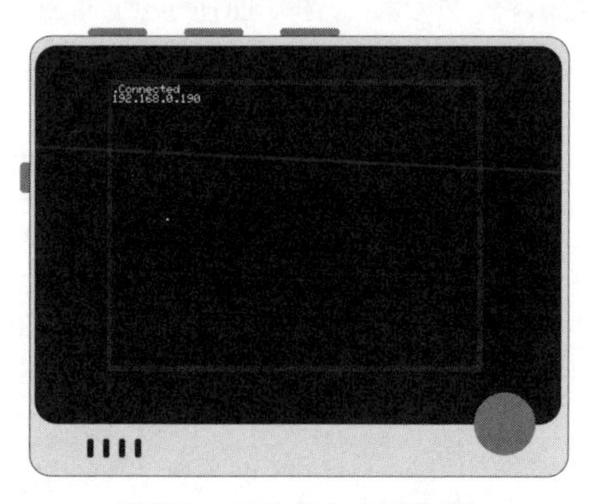

図7-3　リスト7-1の実行結果

■ Wi-Fi接続の基本

このプログラムは、次のように動作します。

● インクルードと設定

まずはライブラリをインクルードします。
また、「SSID」と「パスワード」を定義しておきます。

```
#include "rpcWiFi.h"
const char* ssid = "SSIDを記入";
const char* password =  "パスワードを記入";
```

● 初期化

Wi-Fiは「**子機**」(ステーションモード)や、「**親機**」(アクセスポイントモード)など、いくつかのモードを選べます。

ここでは、「既存の無線アクセスポイント」(親機)に接続したいので、「子機」(ステーションモード)として初期化します。

このとき、「disconnectメソッド」を呼び出して、いったん、接続を切断します。

```
WiFi.mode(WIFI_STA);
WiFi.disconnect();
```

● 接続

接続するには、「beginメソッド」を呼び出します。

「引数」には、接続したい「SSID」と「パスワード」を渡します。

```
WiFi.begin(ssid, password);
```

接続が完了したかどうかは、「statusメソッド」で確認します。

このメソッドの戻り値が「WL_CONNECTED」であれば接続が完了しています。

ですから、**リスト7-1**の例にあるように、接続完了するまでリトライするコードは、次のようになります。

```
do {
  tft.print(".");
  WiFi.begin(ssid, password);
  delay(500);
} while (WiFi.status() != WL_CONNECTED);
```

[メモ]

「WiFiMultiクラス」を使うと、『いくつかの「SSID／パスワード」のリストの中から、最初に接続できたところに接続する』、といったようにもできます。

● IPアドレスの取得

接続できていれば、「**localIPメソッド**」を使って、割り当てられたIPアドレスを参照できます。

他にも、「サブネットマスク」や「デフォルトゲートウェイ」「MACアドレス」などを取得することもできます(**表7-3**)。

表7-3 取得できる設定値

メソッド	取得できる値
localIP	Wio Terminalに割り当てられたIPアドレス
subnetMask	サブネットマスク
gatewayIP	デフォルトゲートウェイ
macAddress	MACアドレス

コラム SSID一覧を得る

リスト7-1では、「SSID」と「パスワード」を決め打ちで接続していますが、ときには「SSIDの一覧」を取得したいことがあるかも知れません。

そのようなときには、「WiFi.scanNerworksメソッド」を使って、**リスト7-2**のようにします。

SSIDは「SSID(i)」、電波強度は「RSSI(i)」、暗号化方式は「encryptionType(i)」で、それぞれ取得できます。

リスト7-2 SSID一覧を得る例

```
#include <LovyanGFX.hpp>
static LGFX tft;

#include "rpcWiFi.h"

void setup() {
  // 液晶の初期化など
  tft.begin();
  digitalWrite(LCD_BACKLIGHT, HIGH);
```

```
  tft.setRotation(1);
  tft.fillScreen(TFT_BLACK);

  // 子機(STA：ステーションモード)に切り替えて切断する
  WiFi.mode(WIFI_STA);
  WiFi.disconnect();

  // 一覧を取得する
  int n = WiFi.scanNetworks();

  tft.println("SSID");
  for (int i = 0; i < n; i++) {
    tft.print(WiFi.SSID(i) + ":");
    tft.print(WiFi.RSSI(i));
    if (WiFi.encryptionType(i) == WIFI_AUTH_OPEN) {
      tft.print("*guest*");
    }
    tft.println("");
  }
}

void loop() {
}
```

7-4 WebのAPIを呼び出す

Wi-Fiの接続ができたので、実際にネットワークを使ってみましょう。
ここでは、「天気予報」のAPIを呼び出して、明日の天気を液晶に表示してみます。

■ OpenWeather API

天気予報できるAPIには、いくつかありますが、ここでは、「OpenWeather」というサービスが提供するAPIを利用します。

このAPIでは、緯度・経度を指定して、その場所の天気を知ることができます。
「無料プラン」と「有償プラン」があり、無料プランには、機能や回数の制限があります。

【OpenWhther API】

```
https://openweathermap.org/
```

利用するにはアカウントを作り、「APIキーを取得する操作」が必要です。
次の手順で、「APIキー」を取得してください。

手　順　OpenWeather APIのAPIキーを取得する

[1]　アカウントを作成する
まずは、「OpenWheather API」のアカウントを作る。
下記のURLにアクセスし、「氏名」や「メールアドレス」「設定するパスワード」を入力して登録する(図7-4)。

```
https://home.openweathermap.org/users/sign_up
```

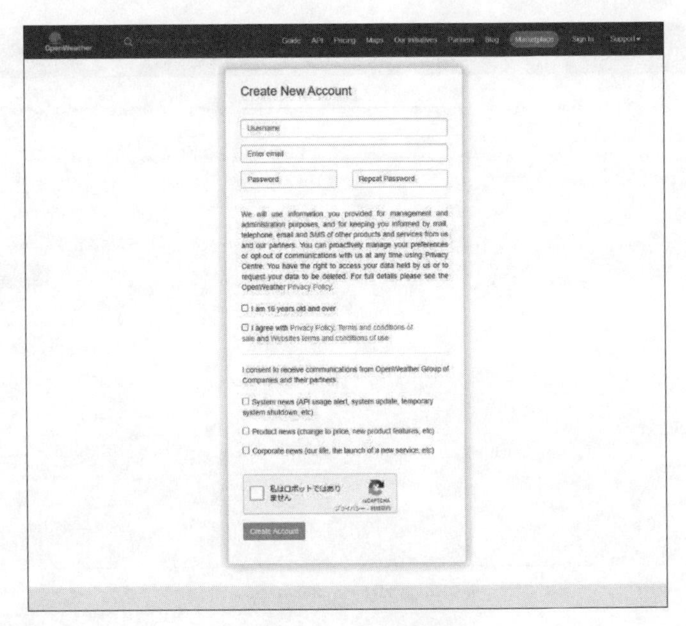

図7-4　アカウントを作る

[2]　メールを確認する

手順[1]で入力したメールアドレス宛にメールが届く。

メールには、正当性確認のためのリンクが含まれているので、そのリンクをクリックすることで、利用できるようになる。

[3]　APIキーを確認する

最後に、アクセスに必要な「APIキー」を確認しておく。

アカウントでログインすると、右上に自分のアカウント名が表示される。

ここをクリックして、さらに[My API keys]をクリックすると、図7-5のようにAPIキーが表示されるので、控えておく。

※このキーは、漏洩しないように注意してください。

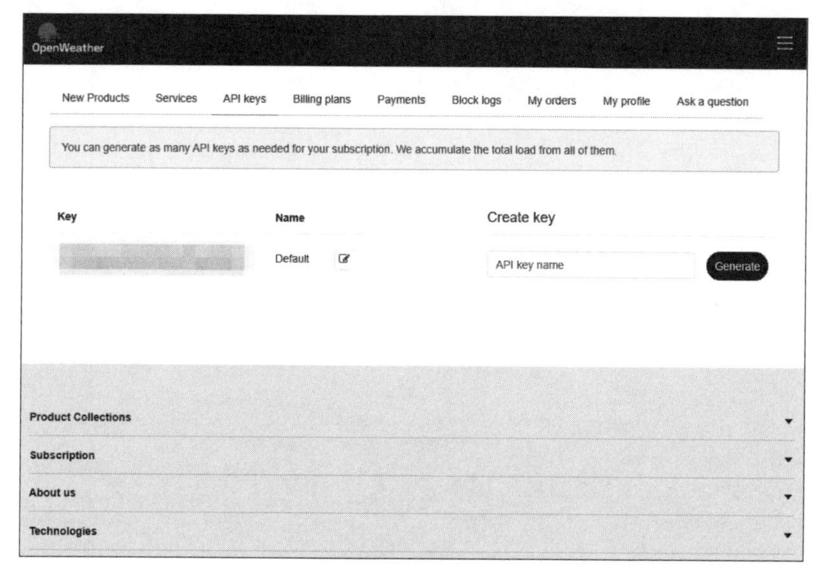

図7-5　APIキー

■ 天気予報のAPIを呼び出す

今説明したAPIのキーを伴って、特定のURLにアクセスすると、「明日の天気」や「温度」などの、天気予報の情報が得られます。

「OpenWeather API」には、いくつかのAPIがありますが、ここでは、**「One Call API」**というAPIを使います。

このAPIは、引数に「緯度」「経度」「APIキー」などを指定すると、その場所の天気を得られるものです。

【One Call API】

https://openweathermap.org/api/one-call-api

「Wio Terminal」で作る前に、この「OneWeather API」をPCのブラウザで呼び出して、どのような結果が得られるのかを、まず確認しておくといいでしょう。

「One Call API」の書式は、次の通りです。

```
https://api.openweathermap.org/data/2.5/onecall?lat={lat}&lon={lon}&exclude={part}&appid={API key}
```

パラメータの意味を、**表7-4**に示します。

表7-4 パラメータの意味

パラメータ	必須	概 要
lat, lon	必須	天気予報を求めたい場所を「緯度」(lat)と「経度」(lon)で指定する。
appid	必須	図7-5で確認した「APIキー」
exclude	オプション	戻り値から除外したい項目をカンマ区切りで指定する。 「current (現在の状況)」「minutely (分単位での予報)」「hourly (時間単位での予報)」「daily (日付単位での予報)」「alerts (警報や注意報などの情報)」の組み合わせを指定する
units	オプション	「温度」と「風速」の単位を指定する。 デフォルトは「standard (温度=ケルビン、風速=メートル/秒)」。 「metric (温度=摂氏、風速=メートル/秒)」や「imperial (温度=華氏、風速=マイル/秒)」を選択できる
lang	オプション	言語を指定する。ISO3166の国コードで指定する。 日本は「ja」

それでは、実際に、このAPIを使って、天気予報をブラウザで取得してみましょう。

手 順　天気予報をブラウザで取得する

[1] 緯度・経度を求める

目的の場所の「緯度」「経度」を知らないと、このAPIを呼び出すことができないので、事前に調べておく。

「緯度」「経度」を調べるには、いくつかの方法があり、比較的簡単なのは、「Googleマップ (https://maps.google.co.jp/)」で目的地を検索し、そのときのURLを確認する方法。

たとえば、「東京駅」は、「緯度35.6812362」「経度139.7649361」ということが分かる(図7-6)。

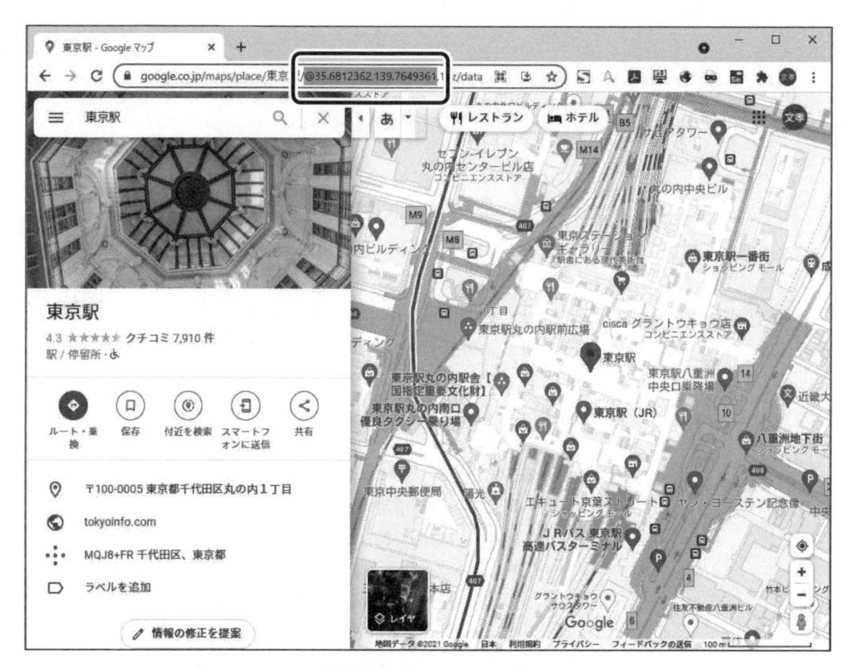

図7-6　Googleマップ

[2]　ブラウザでURLを開く

手順[1]の「緯度」「経度」や、あらかじめ調べておいた「APIキー」を用い、次のURLをブラウザで開く。

```
http://api.openweathermap.org/data/2.5/onecall?lat=35.6812362&lon=1
39.7649361&lang=ja&appid=APIキー
```

すると、図7-7のように結果がJSON形式で戻ってくる。
これがAPIから戻ってきた、「天気予報の結果」。

図7-7　APIの呼び出し結果

■ 天気予報データの書式

こうして戻ってきた値の構造は、One Call APIの戻り値のセクションに記載されているので、そちらを確認します。

【One Call API】

https://openweathermap.org/api/one-call-api

「現在の天気」「毎分の予測」「毎時の予測」「毎日の予測」などが含まれていますが、ここでは、「直近の次の日の予報」についてのみ扱います。

この予報は「毎日の予測」に含まれており、その構造は、次の通りです。

```
{
…略…
"daily": [
  {
  "dt":1624759200,
  "sunrise":1624735618,
  "sunset":1624788042,
  "moonrise":1624797120,
  "moonset":1624743540,
  "moon_phase":0.59,
  "temp":
  {
    "day":296.98,
    "min":293.54,
    "max":296.98,
    "night":293.92,
    "eve":295.12,
    "morn":296.31
  },
  "feels_like":
  {
    "day":297.14,
    "night":294.27,
    "eve":295.38,
    "morn":296.74
  },
  "pressure":1011,
  "humidity":66,
  "dew_point":290.19,
  "wind_speed":4.46,
  "wind_deg":139,
  "wind_gust":6.43,
  "weather":[
      {"id":501,
       "main":"Rain",
       “description”:”曇りがち”,
       "icon":"10d"}],
      "clouds":100,
      "pop":1,
      "rain":11.23,
      "uvi":4.03},
```

```
  ],
  [ …次の日…],
  [ …その次の日…],
  …
]
}
```

「daily」の項目が、日ごとの天気予報の配列です。

どの日時の予測なのかは、「dtフィールド」に、「UNIXタイムスタンプ」として書き込まれています。

```
"dt":1624759200,
```

UNIXタイムスタンプは「1970年1月1日」を起点として、秒単位でカウントアップしていく、時刻を示す体系です。

上の値を時刻に変換すると、「2021/06/27 11:00:00」です。

[メモ]

Googleなどで、「UNIXタイムスタンプ　変換」と検索すると、Webサイト上で変換してくれるサイトがいくつか見つかるはずです。

タイムスタンプの変換には、こうしたサイトを使うと簡単です。

データには、たくさんの種類がありますが、温度については、「tempフィールド」を確認するといいでしょう。

「日中気温」「最高気温」「最低気温」などを取得できます。

```
"temp":
{
  "day":296.98,
  "min":293.54,
  "max":296.98,
  "night":293.92,
  "eve":295.12,
  "morn":296.31
},
```

そして、「晴れ」「曇り」「雨」などは、weatherのフィールドを確認するといいでしょう。

以下に示すように、「description」に、天気の情報メッセージが格納されています。

「mainフィールド」には、主要な天気が記載されます。

下記の例では「Rain」となっており、主たる天気は「雨」です。

```
"weather":[
   {"id":501,
    "main":"Rain",
    "description":"曇りがち",
    "icon":"10d"}],
    "clouds":100,
    "pop":1,
    "rain":11.23,
    "uvi":4.03},
],
```

こうして得たメッセージを文字列として液晶に書いて、明日の天気を伝えるというのもありですが、ユーザーに天気を表示するには、もう少しうまいやり方があります。

それは、上にあるように、「**iconフィールド**」で示しているものです。

値は「10d」となっています。

```
"icon":"10d"
```

このアイコンは、PNG形式で提供されており、

http://openweathermap.org/img/wn/アイコン名.png

でアクセスすると、そのアイコンを取得できます。

実際に、「10d.png」を取得したときの様子を、**図7-8**に示します。

「晴れのち雨」のアイコンとなりました。

アイコンが小さいようなら、「10d@2x.png」のように、「@2x」を付けると2

倍の大きさ、「@4x」を付けると4倍の大きさで、それぞれ取得できます。

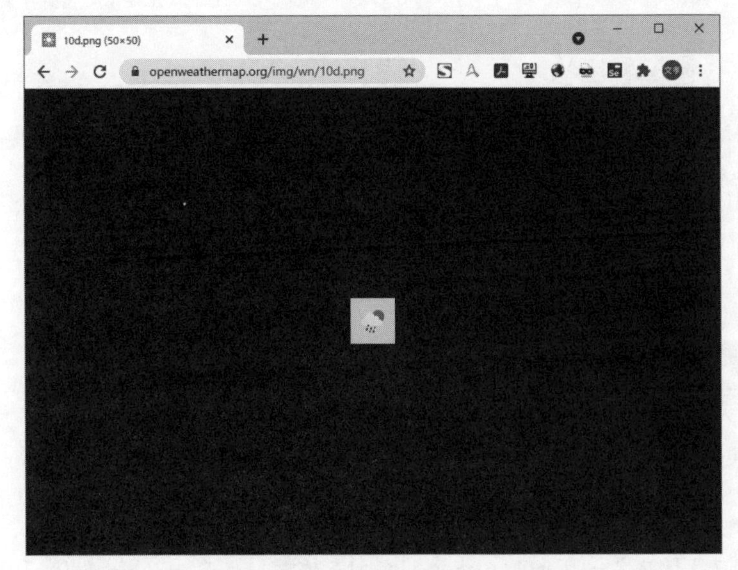

図7-8　アイコンを取得したところ
(http://openweathermap.org/img/wn/10d.png)

■ JSONを扱うライブラリ

PCでの挙動の確認はここまでにして、「Wio Terminal」で、このAPIを呼び出して、液晶に天気を表示するようなプログラムを作っていきましょう。

これまで説明してきたように、天気予報の「OpenWeather API」では、JSON形式のデータを扱います。

そこでまず、JSON形式データをパース（展開）するライブラリをインストールしましょう。

ここでは「ArduinoJson」というライブラリを使います。

【ArduinoJson】

https://arduinojson.org/

[メモ]

「ArduinoJson」は、バージョン5からバージョン6になったときに、書式が変わっています。

本書は、新しい「バージョン6」に基づいています。

インターネットなどでArduinoJsonに関する古い文献を見つけたときは、「Migrating from version 5 to 6」を読んで、違いを確認するといいでしょう。

[Migrating from version 5 to 6]

https://arduinojson.org/v6/doc/upgrade/

手順 ArduinoJsonをインストールする

[1] ライブラリ管理を開く

「Arduino IDE」で、[ツール]メニューから[ライブラリを管理]を選択。

[2] ArduinoJsonライブラリをインストールする

ライブラリマネージャで「ArduinoJson」を検索し、インストール(図7-9)。

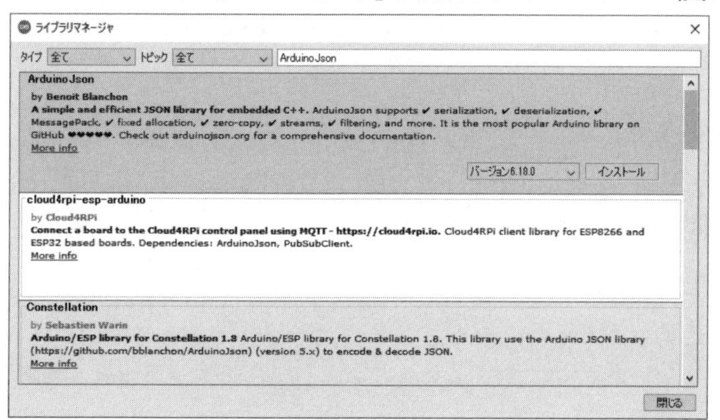

図7-9 ArduinoJsonをインストールする

■ 天気予報を液晶に表示する例

「OpenWeather API」を使って「天気予報」を取得し、それを液晶画面に表示する例を、**リスト7-3**に示します。

実行すると、「天気予報」が表示されます(**図7-10**)。

リスト7-3　天気予報を液晶に表示する例

```
#include <LovyanGFX.hpp>
static LGFX tft;

#include "rpcWiFi.h"
const char* ssid = "SSIDを記入";
const char* password =  "パスワードを記入";

#include <HTTPClient.h>
const String endpoint = "http://api.openweathermap.org/
data/2.5/onecall?lat=35.6812362&lon=139.7649361&lang=ja";
const String exclude = "exclude=current,minutely,hourly,aler
ts";
const String apikey = "APIキーを記入";

#include <ArduinoJson.h>

// PNG画像用バッファ
#define IMGBUF_SIZE 8192
char imgbuf[IMGBUF_SIZE];
const String imgpath = "http://openweathermap.org/img/wn/";

void setup() {
  // 液晶の初期化など
  tft.begin();

  tft.setRotation(1);
  tft.fillScreen(TFT_BLACK);

  // 子機(STA:ステーションモード)に切り替えて切断する
  WiFi.mode(WIFI_STA);
  WiFi.disconnect();
```

```
  // 接続する
  do {
    tft.print(".");
    WiFi.begin(ssid, password);
    delay(500);
  } while (WiFi.status() != WL_CONNECTED);

  tft.println("Connected");

  // IPアドレスを表示
  tft.println(WiFi.localIP());

  // フォントの設定
  tft.setTextDatum(BC_DATUM);
  tft.setFont(&fonts::lgfxJapanGothic_24);
}

void loop() {
  tft.fillScreen(TFT_BLACK);

  // OpenWeather APIを呼び出す
  if((WiFi.status() == WL_CONNECTED)) {
    HTTPClient http, httpimage;

    // URLを設定
    http.begin(endpoint + "&" + exclude + "&appid=" + apikey);

    // GETメソッドで接続
    int httpCode = http.GET();
    if (httpCode == HTTP_CODE_OK) {
      // 結果を文字列として取得
      String payload = http.getString();

      // 切断
      http.end();

      // JSONを変換
      DynamicJsonDocument result(16384);
      DeserializationError error = deserializeJson(result, 
payload);
```

```
      if (!error) {
        // 概要
        const char *description = result["daily"][0]["weather"]
[0]["description"].as<char*>();
        tft.drawString(description, 160, 200);
        // 温度
        const double temp = result["daily"][0]["temp"]["day"].
as<double>();
        tft.drawString(String(temp - 273.15) + "℃", 160, 235);

        // アイコン
        const char *icon = result["daily"][0]["weather"][0]
["icon"].as<char*>();

        // 画像アイコンのダウンロード
        String imgurl = imgpath + String(icon) + String("@4x.
png");
        httpimage.begin(imgurl);
        httpCode = httpimage.GET();
        if (httpCode == HTTP_CODE_OK) {

          // バイナリデータとして配列に読み込む
          WiFiClient *stream = httpimage.getStreamPtr();

          // 長さの取得
          int len = httpimage.getSize();
          if (len > IMGBUF_SIZE) {
            tft.println("image size too big.");
          } else {
            // 配列に読み込む
            char *p = imgbuf;
            int readsz = 0;
            while (httpimage.connected() && (len > 0)) {
              size_t size = stream->available();
              if (size > 0) {
                int cnt = stream->readBytes(p, size);
                len -= cnt;
                p += cnt;
                readsz += cnt;
              }
            }
```

```
            // PNG画像として表示
            tft.drawPng((std::uint8_t*)imgbuf, readsz, 60, 20);
          }
        } else {
          tft.println("IMG CONNECT NG");
        }
        httpimage.end();
      } else {
        tft.println("Parse NG");
        tft.println(error.c_str());
      }
    } else {
      tft.println("GET NG");
    }
  }
  delay(60 * 1000 * 60);
}
```
```
```

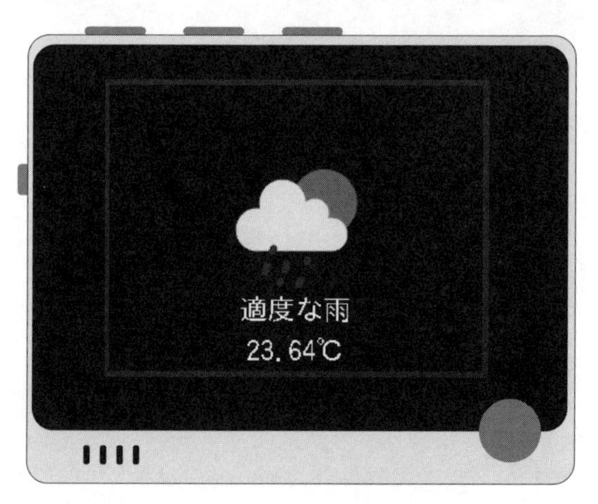

図7-10　リスト7-3の実行結果

■ 天気予報を液晶に表示する基本

このプログラムは、次のように動作します。

● HTTPリクエストの送信

Webサーバに接続(HTTPで接続)するには、「HTTPClientオブジェクト」を使います。必要なライブラリをインクルードします。

```
#include <HTTPClient.h>
```

また、冒頭では、「OpenWeather API」のエンドポイント(接続先)やAPIキーを定義しています。

ここでは、戻り値があまり長くならないようにするため(長いと、それだけ解析のバッファが必要になるため)、「current」「minutely」「hourly」「alerts」を省いたものを取得するようにしています。

```
const String endpoint = "http://api.openweathermap.org/
data/2.5/onecall?lat=35.6812362&lon=139.7649361&lang=ja";
const String exclude = "exclude=current,minutely,hourly,alerts";
const String apikey = "APIキーを記入";
```

リクエストを送信するには、「HTTPClientオブジェクト」を用意します。

```
HTTPClient http;
```

そして、「beginメソッド」で、接続先を指定します。

```
http.begin(endpoint + "&" + exclude + "&appid=" + apikey);
```

そして、「GETメソッド」を送信して、正常に結果を受信できたかを確認します。

```
int httpCode = http.GET();
if (httpCode == HTTP_CODE_OK) {
…正常に受信できた…
}
```

[メモ]

> 「GETメソッド」とは、HTTPプロトコルにおける、「指定したURLに接続して、その結果をもらう操作」です。
> ブラウザのアドレス入力欄にURLを入力して、アクセスするのと同じ操作です。
> また、「HTTP_CODE_OK」は、HTTPステータスコードの「200 OK」を示します。
>
> 本書は、HTTPについて解説するのが主ではないため、詳細な説明は割愛します。
> 詳細については、HTTPプロトコルに関するドキュメントを参照してください。

正常に取得していたなら、その結果を「**getStringメソッド**」で取得します。

```
String payload = http.getString();
```

操作が終わったら、「endメソッド」を呼び出して、切断します。

```
http.end();
```

● JSONデータのパース

このようにして取得したデータ「payload」は、**図7-7**に示した「JSON形式」です。

このデータをパース(解析)して、それぞれの項目の値を読み取れるようにします。

そのためには、「ArdunoJsonライブラリ」を使います。

```
#include <ArduinoJson.h>
```

「JSON形式データ」を読み取るには、次のようにします。

下記の「16384」というのは確保したバッファのサイズです(コラムを参照)。

```
// JSONを変換
DynamicJsonDocument result(16384);
DeserializationError error = deserializeJson(result, payload);
```

変換が正常に終われば、配列の形式で、その値を取得できます。
「概要」や「温度」は、下記のようにして取得できます。

温度から「273.15」を引いているのは、単位が「ケルビン」であるためです。

```
// 概要
const char *description = result["daily"][0]["weather"][0]
["description"].as<char*>();
tft.drawString(description, 160, 200);

// 温度
const double temp = result["daily"][0]["temp"]["day"].
as<double>();
tft.drawString(String(temp - 273.15) + "℃", 160, 235);
```

コラム JSONのバッファサイズ

リスト7-3では、次のように「16384バイトのバッファ」を確保しています。

```
DynamicJsonDocument result(16384);
```

データのサイズによっては、バッファが足りないこともあります。
そのようなときは、「NoMemory」のエラーが発生します。

適切なバッファサイズを求めるには、「ArduinoJSON Assistant」を使うといいでしょう。
ここで、「CPUの種類」(「Wio Terminal」では「SAMD21」を選択します)や、「方法」「型」そして、「実際のJSON文字列」などをWeb画面で設定すると、適切なバッファサイズを計算してくれます(図7-11)。

[ArduinoJson Assistant]

https://arduinojson.org/v6/assistant/

● PNG形式データをダウンロードする

すでに説明したように、「OpenWeather API」には、「天気のアイコンファイル」が提供されています。

これをダウンロードして、液晶に表示します。

＊

まずは、アイコンのファイル名から、URLを作ります。

ここでは「4倍(@4x)」の画像を取得しようとしています。

```
    // アイコン
    const char *icon = result["daily"][0]["weather"][0]
["icon"].as<char*>();
    // アイコンのURL
    String imgurl = imgpath + String(icon) + String("@4x.png");
```

先ほどと同様に、「HTTPClientオブジェクト」の「beginメソッド」を使って、通信を開始します。

そして、「GETメソッド」で結果を取得します。

```
HTTPClient httpimage;
httpimage.begin(imgurl);
httpCode = httpimage.GET();
if (httpCode == HTTP_CODE_OK) {
…正常に受信できた…
}
```

画像は文字列ではないため、「getStringメソッド」を使って読み込むことはできません。

「バイト単位」で読み出していく必要があります。

「読み出し先のバッファ」として、「8192バイトの配列」を用意しました。

[メモ]

　「8192バイト」が適切かどうかは、読み込みたいPNG形式ファイルの容量によります。
　「OpenWeather API」では、どれも実測で、おおむね2000バイト前後だったので、少し余裕をもって8192バイトとしました。

```
#define IMGBUF_SIZE 8192
char imgbuf[IMGBUF_SIZE];
```

バイナリデータを読み込むには、「WiFiClientオブジェクト」を使って、ストリームから読み込みます。

```
WiFiClient *stream = httpimage.getStreamPtr();
```

まずは、読み取るべきバイト数を取得します。

```
int len = httpimage.getSize();
```

そしてループ処理で、このバイト数だけ読み込んでいきます。
「availableメソッド」を呼び出すと、受信可能なバイト数を取得できるため、上記で取得したバイト数だけ、繰り返して読み込みます。

```
while (httpimage.connected() && (len > 0)) {
  size_t size = stream->available();
  if (size > 0) {
    int cnt = stream->readBytes(p, size);
    len -= cnt;
    p += cnt;
    readsz += cnt;
  }
}
```

読み込み終わったら、「drawPngメソッド」を使って、そのバッファの内容を液晶画面に表示します。

```
tft.drawPng((std::uint8_t*)imgbuf, readsz, 60, 20);
```

7-5 Webサーバとして動かす

次に、「Wio Terminal」自体を「Webサーバ」として動かすことを考えます。

つまり、PCやスマホのブラウザから、「http://Wio TerminalのIPアドレス/」に接続したとき、「Wio Terminal」が提供するコンテンツを返すようにします。

■ Webサーバとして動かす「Hello World」

まず、ごく簡単な例として、ブラウザでアクセスしたときに、「Hello World」という画面が表示されるプログラムを作ってみましょう。

そのようなプログラムは、**リスト7-4**のようになります。

実行すると、「Wio Terminal」の液晶画面には、「IPアドレス」が表示されます。

「Wio Terminal」と同じネットワーク(無線LANや有線LAN)に接続されているPCやスマホから、ブラウザで「http://IPアドレス/」にアクセスすると、**図7-12**のように「Hello World」と表示されます。

リスト7-4 Webサーバとして動かす「Hello World」

```
#include <LovyanGFX.hpp>
static LGFX tft;

#include "rpcWiFi.h"
const char* ssid = "SSIDを記入";
const char* password =  "パスワードを記入";

// Webサーバのオブジェクト
#include <WebServer.h>
WebServer server(80);

void handleRoot() {
  // 結果を返す
  server.send(200, "text/html",
    "<html><body>Hello World</body></html>"
  );
}
```

```
void setup() {
  // 液晶の初期化など
  tft.begin();

  tft.setRotation(1);
  tft.fillScreen(TFT_BLACK);

  // 子機(STA:ステーションモード)に切り替えて切断する
  WiFi.mode(WIFI_STA);
  WiFi.disconnect();

  // 接続する
  do {
    tft.print(".");
    WiFi.begin(ssid, password);
    delay(500);
  } while (WiFi.status() != WL_CONNECTED);

  tft.println("Connected");

  // IPアドレスを表示
  tft.println(WiFi.localIP());

  // URLパスと処理する関数との対応を設定
  server.on("/", handleRoot);

  // Webサーバ機能を動かし始める
  server.begin();
}

void loop() {
  // 接続されてきたときの処理をする
  server.handleClient();
}
```

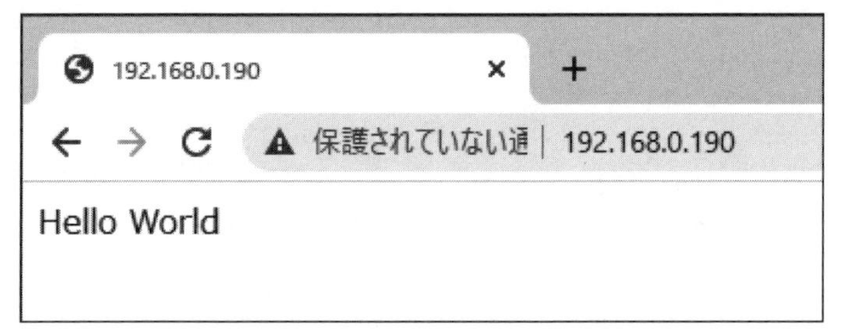

図7-11 ブラウザでアクセスしたところ

[メモ]

近年の無線LANルータは、セキュリティ向上のため、端末同士での接続ができないように構成されているものもあります。
そうした機能は「プライバシーセパレータ」などと呼ばれています。

うまく接続できないときは、無線LANルータの、こうした機能を無効にしてみてください。

● Webサーバとして動かす

「Webサーバ」として動かすには、「**WebServerオブジェクト**」を使います。

次のようにして用意します。
「引数」に指定している「80」は、「TCPプロトコルの[ポート80番]で受け付ける」という意味です。

```
#include <WebServer.h>
WebServer server(80);
```

[メモ]

通常、「http://IPアドレス/」でアクセスしたときは、[ポート80番]でつながります。「http://IPアドレス:ポート番号/」のように、明示的にポート番号を指定したときは、そのポート番号でつながります。
ですから「:ポート番号」を指定することなく接続できるようにするには、[ポート80番]を使う必要があります。詳細は、HTTPに関する文献を参照してください。

サーバとして動かす前に、どのようなURLのパスで接続されてきたとき、どの関数が処理するのかを決めておく必要があります。

それには、「onメソッド」を使います。ここでは、次のようにしています。

```
server.on("/", handleRoot);
```

この設定によって、ブラウザから「http://IPアドレス/」のように「/」で終わる(または最後の「/」が省略される)パスでアクセスしてきたときは、handleRootという関数が呼び出されるようになります(関数の内容については後述)。

ここでは1つしか設定していませんが、「http://IPアドレス/foo」のときは「fooという関数」で、「http://IPアドレス/bar」のときは「barという関数」で、といったように、URLのパスによって処理する関数を切り分けることができます(その方法については、すぐあとに説明します)。

*

URLのマッピング設定が終わったら、「beginメソッド」を呼び出して、Webサーバの機能を動かし始めます。

```
server.begin();
```

これで「Webサーバ」の機能が動きはじめます。

*

「Arduino」において、繰り返し実行される「loop関数」の中では、「handleClientメソッド」を呼び出す必要があります。

このメソッドは、ネットワーク接続があったときに、それを処理して「onメソッド」で定義された関数に処理を振り分けるものです。

> ※呼び出しを忘れると、ブラウザから接続しても、応答が戻ってこないので注意してください。

```
void loop() {
  // 接続されてきたときの処理をする
  server.handleClient();
}
```

● 接続されたときの結果を返す

「onメソッド」で結び付けた、URLのパスに応じた関数では、「sendメソッド」を使って、HTMLなどの文字列を返すように実装します。

ここでは、簡単なHTMLを返すようにしています。

*

「200」は「正常」を示すHTTPのステータスコード、「text/html」は「コンテンツタイプ(コンテンツの種類)」です。

```
void handleRoot() {
  // 結果を返す
  server.send(200, "text/html",
    "<html><body>Hello World</body></html>"
  );
}
```

コラム 自分のIPをQRコードで表示する

IPアドレスを手で入力するのは、面倒です。
スマホでアクセスするのなら、「QRコード」を使うのがいいでしょう。

「LovyanGFX」には、「qrcodeメソッド」があり、次の書式でQRコードを液晶画面上に表示できます。

```
tft.qrcode(QRコードにしたい文字列, X座標, Y座標, サイズ(ピクセル), バージョン);
```

バージョンは「QRコード」の大きさを示すもので、どのぐらいの文字数を含められるのかが違います。
バージョンが大きいほどQRコードの大きさは大きくなり、含められる文字数が増えます。

バージョンの一覧は、「LovyanGFX」が利用している「QRコードライブラリ」に記載されていますが、100文字前後入る、バージョン5あたり以上がいいかと思います。

【QRコードライブラリ】

https://github.com/ricmoo/QRCode/

たとえば、**リスト7-4**の、

```
// IPアドレスを表示
tft.println(WiFi.localIP());
```

の後ろに、次の行を追加すれば、画面に「QRコード」が表示されます(**図7-12**)。

```
// QRコードとして表示
tft.qrcode("http://" + WiFi.localIP().toString(), 60, 20, 200, 5);
```

図7-12 QRコードを表示したところ

■ 温度センサの値を返す

リスト7-4の例では、「Hello World」という文字列を返しましたが、どのような値を返すかは自在です。

たとえば、「Wio Terminal」に「温度センサ」を取り付けて、その温度を返すようにもできます。

実際、**「6-2　温湿度計を作ってみる」**で説明したような「デジタル温度・湿度センサ(DHT11)」をGrove端子に接続した状態であれば、**リスト7-4**のプログラムを記述することで、ブラウザから温度を参照できます(**図7-13**)。

リスト7-4　温度センサの値を返す例(抜粋)

```
…略…
// Webサーバのオブジェクト
#include <WebServer.h>
WebServer server(80);

#include "DHT.h"
#define DHTPIN 0
#define DHTTYPE DHT11
DHT dht(DHTPIN, DHTTYPE);

void handleRoot() {
  // 結果を返す
  float temp_hum_val[2];
  dht.readTempAndHumidity(temp_hum_val)

  char html[2048];
  sprintf(html,
"<!DOCTYPE html><html lang='ja'>¥
<head><meta charset='UTF-8'></head>¥
<body><html>¥
<p>温度：%d.%02d</p>¥
<p>湿度：%d.%02d</p>¥
</html></body>",
    (int)temp_hum_val[1], (int)(fabsf(temp_hum_
val[1])*100)%100,
    (int)temp_hum_val[0], (int)(fabsf(temp_hum_val[0])*100)%100
```

```
  );
  server.send(200, "text/html", html);
}

void setup() {
  …略…
  // URLパスと処理する関数との対応を設定
  server.on("/", handleRoot);

  // 温湿度計の初期化
  Wire.begin();
  dht.begin();

  // Webサーバ機能を動かし始める
  server.begin();
}

void loop() {
  // 接続されてきたときの処理をする
  server.handleClient();
}
```

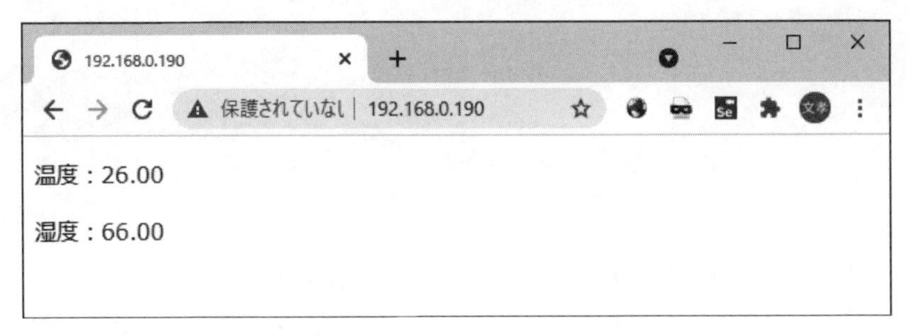

図7-13　リスト7-4を実行したWio Terminalにブラウザでアクセスしたところ

● HTMLに値を埋め込む

リスト7-4の処理では、「温度」や「湿度」をセンサから取得し、その値をHTMLに埋め込んでいます。

まずは、センサから「値」を読み取ります。
この方法については、「**6-2　温湿度計を作ってみる**」で説明しました。

```
float temp_hum_val[2];
dht.readTempAndHumidity(temp_hum_val)
```

HTMLに埋め込むには、「sprintf関数」を使いました。
「Arduino」の「sprintf関数」では、浮動小数の値を埋め込むことができないため、「int型」に変換して埋め込んでいます。

```
char html[2048];
sprintf(html,
"<!DOCTYPE html><html lang='ja'>¥
<head><meta charset='UTF-8'></head>¥
<body><html>¥
<p>温度：%d.%02d</p>¥
<p>湿度：%d.%02d</p>¥
</html></body>",
  (int)temp_hum_val[1], (int)(fabsf(temp_hum_val[1])*100)%100,
  (int)temp_hum_val[0], (int)(fabsf(temp_hum_val[0])*100)%100
);
```

こうして生成したHTMLを、ブラウザへと返します。

```
server.send(200, "text/html", html);
```

■ PCやスマホからWio Terminalを操作する

こんどは、ブラウザから「Wio Terminal」を操作してみましょう。

ブラウザでアクセスすると、**図7-14**のような「カラーピッカー」が表示され、ブラウザから色を選択してクリックすると、「Wio Terminal」の液晶の色が、それと同じに変わるというサンプルです。

プログラムを、**リスト7-5**に示します。

リスト7-5　PCやスマホからWio Terminalを操作する例(抜粋)

```
…略…
// 「00」～「ff」を数値に変換する関数
int convertRGB(String s) {
  int val = 0;

  for (int i = 0; i < 2; i++) {
    val <<= 4;

    char c = s.charAt(i);

    if ((c >= '0') && (c <= '9')) {
      val += c - '0';
    } else if ((c >= 'a' && c <= 'f')) {
      val += (c - 'a') + 10;
    }
  }
  return val;
}

void handleRoot() {
  // 引数を取得
  String colorval = server.arg("colorval");
  if (colorval != NULL) {
    // 色を取得・設定する
    int r, g, b;
    if (colorval.charAt(0) != '#') {
      r = g = b = 0;
      tft.fillScreen(0);
```

```
    } else {
      colorval.toLowerCase();
      r = convertRGB(colorval.substring(1, 3));
      g = convertRGB(colorval.substring(3, 5));
      b = convertRGB(colorval.substring(5, 7));

      int rgb565 = tft.color565(r, g, b);
      tft.fillScreen(rgb565);
    }
  }

  // HTMLを返す
  char html[2048];
  sprintf(html,
"<!DOCTYPE html><html lang='ja'>¥
<head><meta charset='UTF-8'></head>¥
<body><html>¥
<form method='GET' action='/'>¥
<p>色：<input type='color' name='colorval' value='%s'>¥
<input type='submit' value='送信'>¥
</form></body></html>",
  colorval.c_str()
);

  server.send(200, "text/html", html);
}
…略…
```

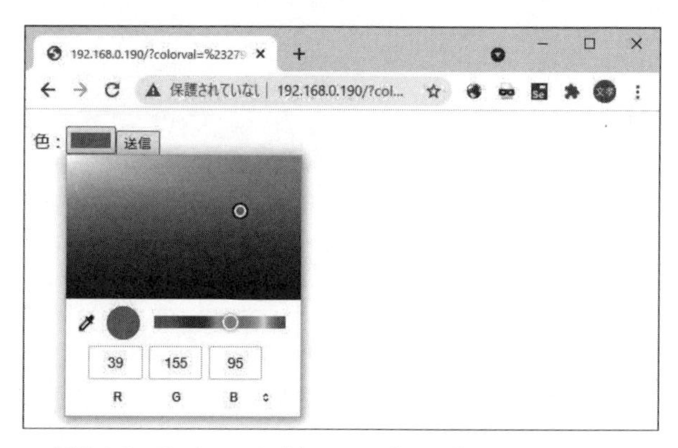

図7-14　リスト7-5を実行して、ブラウザから接続したとき

● クエリ文字列を取得する

リスト7-5では、色を入力するのに、HTML5で定義された「カラーピッカー」を使っています。

```
<p>色：<input type='color' name='colorval' value='%s'>¥
```

このHTMLタグによって、**図7-14**に示したように、カラーピッカーが表示されます。

[メモ]

> 色を選択するUIは、ブラウザによって異なります。
> 「type='color'」に対応しない少し古いブラウザの場合は、ただのテキスト入力欄として表示されます。
> その場合は、「#123456」など色のコードを「#」から始まる文字列で、手入力してください。

このHTMLタグでは、「name属性」を「colorval」に設定しています。
こうした「クエリ文字列」(引数)は、「server.arg」で取得できます。

```
String colorval = server.arg("colorval");
```

「カラーピッカー」で取得できる値は、「#RRGGBB」の書式(RR=赤、GG=緑、BB=青の16進数表現)です。
そこで、これらを「RGB565形式」に変換します。

「convertRGB」は、「00～FF」の文字列を「0～255」の値に変換する、自作の関数です。

```
r = convertRGB(colorval.substring(1, 3));
g = convertRGB(colorval.substring(3, 5));
b = convertRGB(colorval.substring(5, 7));
int rgb565 = tft.color565(r, g, b)
```

そして、この色で塗りつぶします。

```
tft.fillScreen(rgb565);
```

ここでは、液晶の色を変更するサンプルを示しましたが、HTML上にボタンを設けて、「そのボタンがクリックされたらLEDを光らせる」など、「Wio Terminal」に接続にした、さまざまな機器を制御するときも、同じようなコードが使えるはずです。

コラム Wi-Fiの親機として動かす

本書では、ここまで、すでに無線LANアクセスポイントがあり、そこに接続する「子機」として動かす方法を説明してきました。
しかし、「Wio Terminal」を親機として動かすこともできます。

親機として動かす例を、**リスト7-6**に示します。

実行すると、PCやスマホでWiFiを検索したとき、「WioTerminal Network」というSSIDの無線LANが見つかり、パスワード「12345678」で接続できるはずです。

この定義は、**リスト7-6**の冒頭の次の部分にあるので、適時、カスタマイズしてください。

```
// WiFiのSSID、パスワード
const char* ssid = "WioTerminal Network";
const char* password =  "12345678";
```

また使用する「IPアドレス」「デフォルトゲートウェイ」「サブネットマスク」も、次のように定義しています。

```
// IPアドレス、ゲートウェイ、サブネットマスク
IPAddress ip( 192, 168, 10, 1 );
IPAddress gw( 192, 168, 10, 1 );
IPAddress subnet( 255, 255, 255, 0 );
```

リスト7-6では、接続しやすいよう、液晶画面に「QRコード」も表示しています(図7-15)。
Wi-Fiに接続するためには、次の書式の文字列を「QRコード」化したものを使います。

QRコードの書式については、以下のページが参考になります。

https://github.com/zxing/zxing/wiki/Barcode-Contents

```
WIFI:S:SSID;T:暗号化方式;P:パスフレーズ;;
```

リスト7-6　親機として起動する例

```
#include <LovyanGFX.hpp>
static LGFX tft;

#include "rpcWiFi.h"
// WiFiのSSID、パスワード
const char* ssid = "WioTerminal Network";
const char* password =  "12345678";
// IPアドレス、ゲートウェイ、サブネットマスク
IPAddress ip( 192, 168, 10, 1 );
IPAddress gw( 192, 168, 10, 1 );
IPAddress subnet( 255, 255, 255, 0 );

// Webサーバのオブジェクト
#include <WebServer.h>
WebServer server(80);

void handleRoot() {
  // 結果を返す
  server.send(200, "text/html",
    "<html><body>Hello World</body></html>"
  );
}

void setup() {
  // 液晶の初期化など
  tft.begin();

  tft.setRotation(1);
  tft.fillScreen(TFT_BLACK);

  // 親機とする
  WiFi.mode(WIFI_AP);
  WiFi.softAPConfig(ip, gw, subnet);
  WiFi.softAP(ssid, password);
```

```
  // IPアドレスを表示
  tft.println(WiFi.localIP());

  // QRコード表示
  char qrcode[512];
  sprintf(qrcode, "WIFI:S:%s;T:%s;P:%s;;", ssid, "WPA",
password);
  tft.qrcode(qrcode, 60, 20, 200, 5);

  // URLパスと処理する関数との対応を設定
  server.on("/", handleRoot);

  // Webサーバ機能を動かし始める
  server.begin();
}

void loop() {
  // 接続されてきたときの処理をする
  server.handleClient();
}
```

図7-15　リスト7-6を実行するとQRコードが表示される

7-6 NTPで時刻を取得する

ネットワークの使い方の最後の例として、インターネットから正しい時刻を取得し、それを「RTC」に設定するやり方を説明します。

■ NTPClientライブラリのインストール

インターネットでは、「NTP」(Network Time Protocol)というプロトコルを使って、時刻合わせができます。

インターネット上には、正確な時を刻む「NTPサーバ」がいくつかあり、そこに「NTP」で接続すると、現在の時刻を取得できます。

「Wio Terminal」のWikiにある「Wi-Fiページ」には、自分でNTP通信するプログラム例が書かれていますが、「NTPClient」というライブラリを使えば、自分で作らなくてもすみます。

【Wi-Fiページ】

https://wiki.seeedstudio.com/Wio-Terminal-Wi-Fi/

【NTPClient】

https://github.com/arduino-libraries/NTPClient

次の手順でインストールします。

手 順　NTPClientライブラリをインストールする

[1]　ライブラリ管理を開く

Arduino IDEで[ツール]メニューから、[ライブラリを管理]を選択。

[2]　NTPClientライブラリをインストールする

「ライブラリマネージャ」で、「NTPClient」を検索。
「NTPClient」が表示されたら[インストール]を選択する(図7-16)。

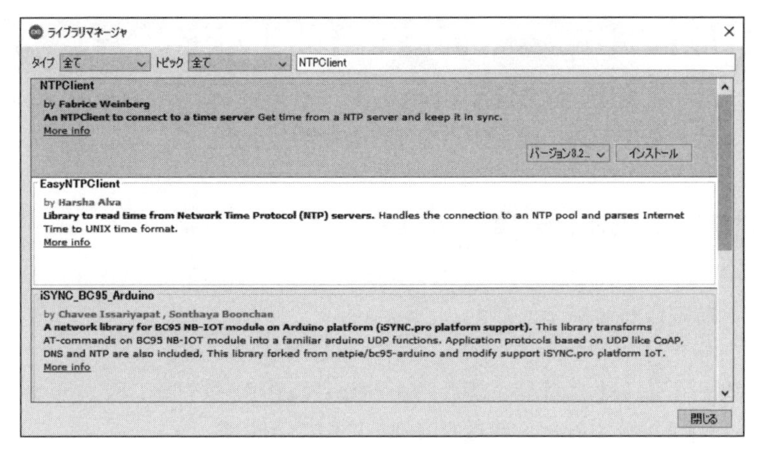

図7-16　NTPClientをインストールする

■ NTPで時刻を取得する例

「NTPClient」を利用して、「NTP」から「日付」「時刻」を取得してRTCに設定し、「時計」として動かす例を、**リスト7-7**に示します(**図7-17**)。

リスト7-7　NTPで時刻を設定する例

```
#include <LovyanGFX.hpp>
static LGFX tft;

#include "rpcWiFi.h"
const char* ssid = “SSIDを記入”;
const char* password =  “パスワードを記入”;

#include <NTPClient.h>

WiFiUDP ntpUDP;
NTPClient timeClient(ntpUDP, "ntp.nict.jp", 9 * 3600);

// #include <AtWiFi.h>
#include "RTC_SAMD51.h"
#include "DateTime.h"
RTC_SAMD51 rtc;

void setup() {
```

```
  // 液晶の初期化など
  tft.begin();

  tft.setRotation(1);
  tft.fillScreen(TFT_BLACK);

  // 子機(STA:ステーションモード)に切り替えて切断する
  WiFi.mode(WIFI_STA);
  WiFi.disconnect();

  // 接続する
  do {
    tft.print(".");
    WiFi.begin(ssid, password);
    delay(500);
  } while (WiFi.status() != WL_CONNECTED);

  tft.println("Connected");

  // フォントと文字基準位置の設定
  tft.setTextFont(4);
  tft.setTextDatum(CC_DATUM);

  // 日時の取得
  timeClient.begin();
  timeClient.update();

  // RTC開始
  rtc.begin();
  DateTime now = DateTime(timeClient.getEpochTime());
  rtc.adjust(now);
}

void loop() {
  // 現在時刻を取得
  DateTime now = rtc.now();

  // 画面に表示
  tft.fillScreen(TFT_BLACK);
  char datestr[32], timestr[32];
  sprintf(datestr, "%04d-%02d-%02d", now.year(), now.month(),
```

```
now.day());
  sprintf(timestr, "%02d:%02d:%02d", now.hour(), now.minute(),
now.second());

  tft.drawString(datestr, 160, 60);
  tft.drawString(timestr, 160, 120);

  delay(100);
}
```

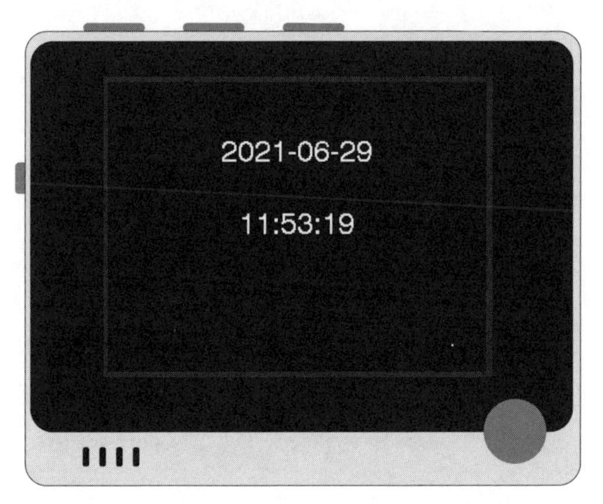

図7-17　リスト7-7の実行結果

● NTPを用いた時刻の取得

「NTP」を用いて時刻を取得するには、「NTPClientオブジェクト」を使います。

```
#include <NTPClient.h>

WiFiUDP ntpUDP;
NTPClient timeClient(ntpUDP, "ntp.nict.jp", 9 * 3600);
```

「引数」には、「NTPサーバ」を指定します。
ここでは「ntp.nict.jp」を指定しました。

「9 * 3600」は、「GMTの標準時刻からの差」で、秒数で指定します。

日本は9時間差なので、「9×3600」を指定しています。

時刻を取得するには、「begin」してから「update」します。

```
timeClient.begin();
timeClient.update();
```

「getEpochTimeメソッド」を呼び出すと、「エポック秒」として取得できます。

```
DateTime now = DateTime(timeClient.getEpochTime());
```

[メモ]

「エポック秒」(Epoch秒)とは、「1970年1月1日」を起点とし、1秒に1ずつカウントアップされる値で、さまざまなシステムにおいて、時刻を示すのによく使われる単位です。

日時を取得したら、「RTC」に設定します。
方法は、「5-6　RTC」に記載したのと同じです。

[メモ]

日付時刻を表示するだけなら、「RTC」を使う必要はありません。
「updateメソッド」を呼び出せば、常に、現在の日時を取得し直せるからです。

しかし、「5-6　RTC」で説明したように、「RTC」に設定すれば、アラームの機能が使えます。

第8章

USBとBLE

「Wio Terminal」は、「USBデバイス」や「BLEデバイス」として使うこともできます。

たとえば、PCにつないで、「キーボード」や「マウス」の代わりとして、「Wio Terminal」を動かせます。

8-1 USBキーボードやUSBマウスとして使う

「Wio Terminal」は、PCなどにつないで「キーボード」や「マウス」といった周辺機器として使えます。

こうした使い方を「USBクライアント」と言います。

ライブラリがあるため、「Wio Terminal」を「USBキーボード」や「USBマウス」として動かすのは簡単です。

■ USBキーボードを作る

それでは、実際にやってみましょう。

ここでは、3つのボタンで、次のようにキー入力できるサンプルを作ります。

これらは、Windowsにおいて画面キャプチャを撮影するときのショートカットキーなので、「Wio Terminal」から、画面キャプチャ操作ができて、実用にも便利だと思います。

ボタン	ショートカットキー
ボタンA	[PrintScreen]キー(全画面キャプチャ)
ボタンB	[Ctrl]キー+[PrintScreen]キー(アクティブなウィンドウのキャプチャ)
ボタンC	[Shift]キー+[Win]キー+[S]キー([切り取り&スケッチ]機能によるキャプチャ)

● USBキーボードのライブラリをインストールする

まずは、「Arduino Keyboardライブラリ」をインストールします。

手 順 Arduino Keyboardライブラリをインストールする

[1] ライブラリ管理を開く

Arduino IDEで[ツール]メニューから、[ライブラリを管理]を選択。

[2] Arduino Keyboardライブラリをインストールする

「ライブラリマネージャ」で、「Keyboard」を検索。
「Keyboard」が表示されたら[インストール]を選択(図8-1)。

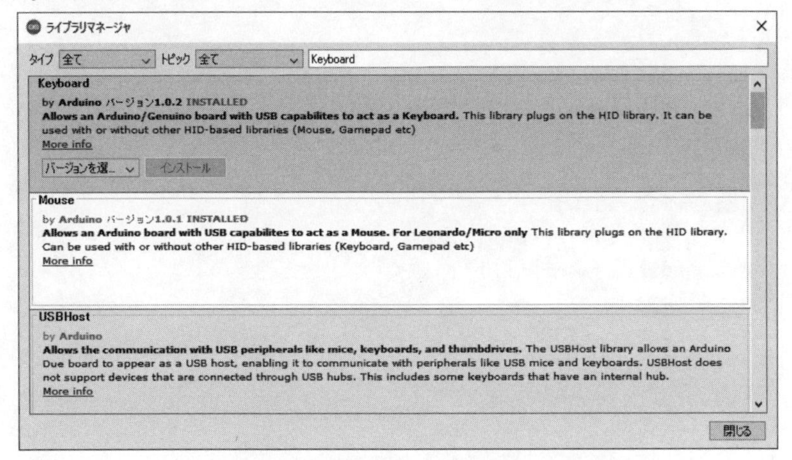

図8-1 Arduino Keyboardライブラリをインストールする

● USBキーボードとして動かす例

「USBキーボード」として動かす例を、**リスト8-1**に示します。

このプログラムを実行すると、Windowsからは「USBキーボード」として見えます。

先に説明した通り、「ボタンA」「ボタンB」「ボタンC」を押すと、キーボードから各種キーが押されたように動作します。

リスト8-1　USBキーボードとして動かす例

```
#include "Keyboard.h"

void setup() {
  pinMode(WIO_KEY_A, INPUT);
  pinMode(WIO_KEY_B, INPUT);
  pinMode(WIO_KEY_C, INPUT);

  // キーボードとして動かす
  Keyboard.begin();
}

void loop() {
  // キー入力する
  if (digitalRead(WIO_KEY_A) == LOW) {
    // Print Screen
    Keyboard.write(206);
  }
  if (digitalRead(WIO_KEY_B) == LOW) {
    // Alt + PrintScreen
    Keyboard.press(KEY_LEFT_ALT);
    delay(50);
    Keyboard.press(206);
    delay(100);
    Keyboard.releaseAll();
  }
  if (digitalRead(WIO_KEY_C) == LOW) {
    // Shift + Win + S
    Keyboard.press(KEY_LEFT_SHIFT);
    delay(50);
    Keyboard.press(131);
    delay(100);
    Keyboard.press('s');
    delay(100);
    Keyboard.releaseAll();
  }
  delay(200);
}
```

● キーの送信方法

「USBキーボード」として動かすには、「Keyboardオブジェクト」を使います。

【Keyboardリファレンス】

https://www.arduino.cc/reference/en/language/functions/usb/keyboard/

まずは、「beginメソッド」を呼び出して、「USBキーボード」として初期化します。

```
Keyboard.begin();
```

あとは、「writeメソッド」や「pressメソッド」を使って、キーの押下状態を作ります(表8-1)。

表8-1　キーの状態を変化させるメソッド

メソッド	動作
write	押して離す
press	押し続ける
release	離す
releaseAll	すべて離す

1つのキーだけ押すのであれば、「writeメソッド」を使います。

たとえば、「Print Screenキー」を押す処理は、次のようにしています。

```
Keyboard.write(206);
```

「206」は、「Print Screenのキー番号」です。

特殊なキーは、「定義されたキー番号」を、そうでない通常のキーは、「そのキーの文字(小文字)」を渡します。

「特殊なキーの一覧」は、次のリファレンスにあります。

https://www.arduino.cc/reference/en/language/functions/usb/keyboard/keyboardmodifiers/

しかし、「Print Screen」や「Windows」などのキーは定義されていません。
これらについては、下記のIssuesを確認してください。

https://github.com/arduino-libraries/Keyboard/issues/24

[Shift][Ctrl][Alt]のように、何か押しながら操作するときは、

①「pressメソッド」で押す。
②しばらく待つ。
③別のキーを押す。
④最後に「releaseAll」メソッドで離す。

…という、操作をします。

たとえば、[Shift]＋[Win]＋[S]キーの操作は、次のようにしています。

```
Keyboard.press(KEY_LEFT_SHIFT);
delay(50);
Keyboard.press(131);
delay(100);
Keyboard.press('s');
delay(100);
Keyboard.releaseAll();
```

■ USBマウスを作る

同様にして、「USBマウス」も作れます。

● USBマウスのライブラリをインストールする

まずは、「USBマウス」のライブラリをインストールします。

手 順 Arduino Mouseライブラリをインストールする

[1] ライブラリ管理を開く
「Arduino IDE」の[ツール]メニューから、[ライブラリを管理]を選択。

[2] Arduino Mouseライブラリをインストールする
ライブラリマネージャで「Mouse」を検索。

「Mouse」が表示されたら[インストール]を選択(図8-2)。

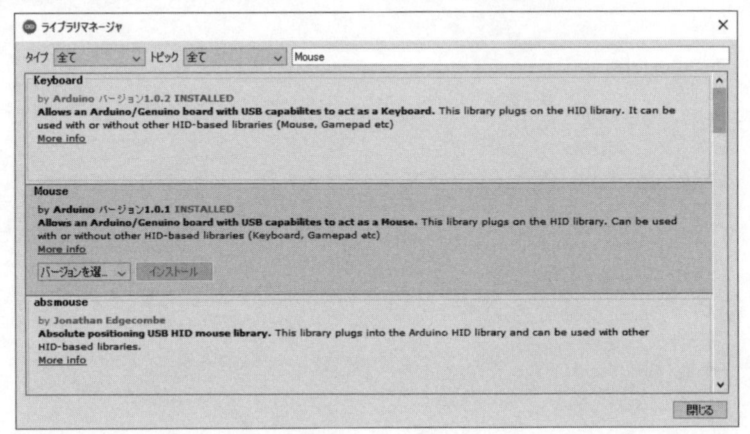

図8-2 Arduino Mouseライブラリをインストールする

● USBマウスとして動かす例

「USBマウス」として動かす例を、**リスト8-2**に示します。

このプログラムを実行すると、Windowsからは「USBマウス」として見えます。

「十字キー」を押すと、その方向に動き、「ボタンA」で右クリック、「ボタンC」で左クリックの動作となります。

リスト8-2 USBマウスとして動かす例

```
#include "Mouse.h"

int BUTTONS[] = {WIO_KEY_A, WIO_KEY_B, WIO_KEY_C,
  WIO_5S_UP, WIO_5S_DOWN, WIO_5S_LEFT, WIO_5S_RIGHT, WIO_5S_
PRESS};

void setup() {
  // ボタンを入力プルアップする
  for (int i = 0; i < sizeof(BUTTONS) / sizeof(BUTTONS[0]);
i++) {
    pinMode(BUTTONS[i], INPUT_PULLUP);
  }
  // マウスとして動かす
```

```
  Mouse.begin();
}

void loop() {
  int xdiff = 0, ydiff = 0;

  if (digitalRead(WIO_5S_LEFT) == LOW) {
    xdiff--;
  }
  if (digitalRead(WIO_5S_RIGHT) == LOW) {
    xdiff++;
  }
  if (digitalRead(WIO_5S_UP) == LOW) {
    ydiff--;
  }
  if (digitalRead(WIO_5S_DOWN) == LOW) {
    ydiff++;
  }

  if ((xdiff != 0) || (ydiff != 0)) {
    Mouse.move(xdiff, ydiff, 0);
  }

  // 右ボタン
  if (digitalRead(WIO_KEY_A) == LOW) {
    if (!Mouse.isPressed(MOUSE_RIGHT)) {
      Mouse.press(MOUSE_RIGHT);
    }
  } else {
    if (Mouse.isPressed(MOUSE_RIGHT)) {
      Mouse.release(MOUSE_RIGHT);
    }
  }

  // 左ボタン
  if (digitalRead(WIO_KEY_C) == LOW) {
    if (!Mouse.isPressed(MOUSE_LEFT)) {
      Mouse.press(MOUSE_LEFT);
    }
  } else {
    if (Mouse.isPressed(MOUSE_LEFT)) {
```

```
      Mouse.release(MOUSE_LEFT);
    }
  }

  delay(1);
}
```

● マウスとして動かす方法

「マウス」として動かすには、まず、「Mouse.beginメソッド」を呼び出します。

```
Mouse.begin();
```

「マウス」を動かすには、「moveメソッド」を呼び出します。
指定した数だけ、「X方向」「Y方向」「ホイール」に動きます。

```
if ((xdiff != 0) || (ydiff != 0)) {
  Mouse.move(xdiff, ydiff, 0);
}
```

「左クリック」や「右クリック」をするには、「click」「press」「release」のメソッドを使います(**表8-2**)。

表8-2　マウスをクリックするメソッド

メソッド	意　味
click	クリックする(押して離す)
press	押しっぱなし
release	離す

リスト8-2では、「pressメソッド」と「releaseメソッド」を呼び出すことで、ボタンを押したり離したりしています。

「今現在、マウスのボタンが押されているかどうか」は、「isPressedメソッド」で確認できます。

```
// 右ボタン
if (digitalRead(WIO_KEY_A) == LOW) {
  if (!Mouse.isPressed(MOUSE_RIGHT)) {
    Mouse.press(MOUSE_RIGHT);
  }
} else {
  if (Mouse.isPressed(MOUSE_RIGHT)) {
    Mouse.release(MOUSE_RIGHT);
  }
}
```

コラム USBホストとして使う

本書では、PCやスマホなどの周辺機器として使う「USBクライアント」としての動作をさせていますが、「WioTerminal」に、「USBキーボード」や「USBマウス」を付けて操作することもできます。そのような使い方は「**USBホスト**」と言います。

「USBホスト」として使う方法については、下記のWikiを参照してください。

https://wiki.seeedstudio.com/Wio-Terminal-USBH-Overview/

8-2 BLEでスマホからWio Terminalを操作する

最後に、「BLE」(Bluetooth Low Energy)の話題で本書を終えましょう。

スマホから「Wio Terminal」を動かせるようにする、簡単なプログラムを作ってみます。

■ BLEを使うには

「Wio Terminal」で「BLE」を使うには、いくつかの事前準備が必要です。

[準備]

①ファームウェアを最新版にする

「**7-1 Wi-Fiを使うためのファームウェアの更新**」で説明した手順で、ファームウェアを最新版にしてください。

②BLEに関連するライブラリのインストール

「BLE」では、**表8-3**に示すライブラリを利用します。

すべて「Arduino IDE」からインストールできるので、[スケッチ]メニューから[ライブラリをインクルード]—[ライブラリを管理]をクリックしてライブラリマネージャを開き、該当の項目を検索して、すべてのライブラリをインストールしてください。

表8-3　BLEに関連するライブラリ

ライブラリ名	URL	ライブラリマネージャでの検索語句
Seeed_Arduino_rpcBLE	https://github.com/Seeed-Studio/Seeed_Arduino_rpcBLE	seeed rpcble
Seeed_Arduino_rpcUnified	https://github.com/Seeed-Studio/Seeed_Arduino_rpcUnified	seeed rpcunified

■ BLEの基礎

「BLE」は複雑なので、詳しくは専門書を読んでいただくとして、ここでは簡単に、その概要と仕組みを説明します。

● セントラルとペリフェラル

「BLE」は、1対1で通信します。

片方が「命令を出す側」として機能し、もう片側が「命令を受け取る側」として機能します。
前者を**「セントラル」**(Central)、後者を**「ペリフェラル」**(Peripheral)と呼びます。

一般に「セントラル」は、スマホやBLE対応の「PC」です。
そして、「BLEデバイス」(たとえば、「BLEセンサ」「BLEキーボード」「BLEマウス」、などなど…)が、「ペリフェラル」です。

「Wio Terminal」はプログラム次第で、「セントラル」としても「ペリフェラル」としても、使えます。

● サービスとキャラクタリスティック

「BLEペリフェラル」は、「操作される側」です。

その内部には、「サービス」(Service)と「キャラクタリスティック」(Characteristic)という領域があります(図8-3)。

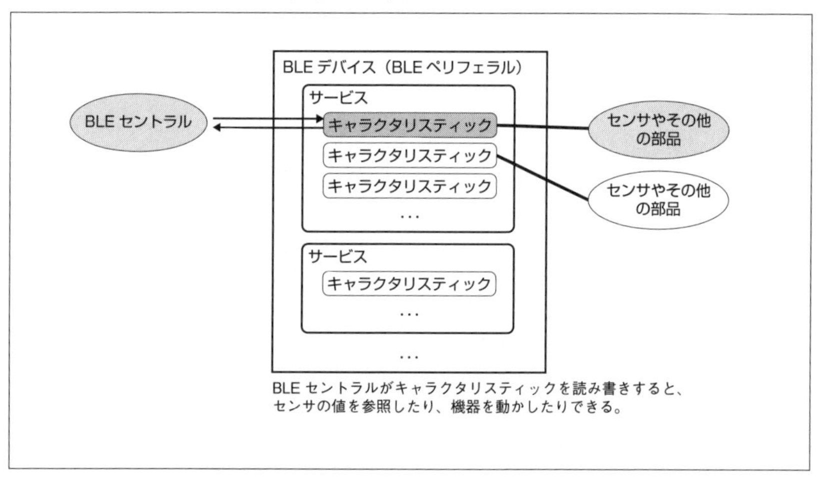

図8-3 サービスとキャラクタリスティックの関係

・サービス

「サービス」は、ペリフェラルに含まれる「機能の分類」(枠組み)を示すものです。

たとえば、「温度計」「照明」「スピーカー」「入力デバイス」などです。

1つの「ペリフェラル」に、複数のサービスが含まれていることもあります。

・キャラクタリスティック

「キャラクタリスティック」は、ペリフェラル内のセンサなどの各種デバイスと連動した、「値を読み書きできる領域」です。

＊

たとえば、「BLE温度センサ」であれば、キャラクタリスティックは、「温度値」とマッピングされています。

つまり、セントラル側から、「あるキャラクタリスティックの値を読み込む」

という操作をすると、「温度の値」が分かります。

*

書き込むと、何かの動作をするキャラクタリスティックもあります。

たとえば、「BLE対応の照明」であれば、「あるキャラクタリスティックに、定められた値を書き込むと、電気が点いたり消えたりする」という動作をします。

●UUID

サービスやキャラクタリスティックには、「UUID」(Universally Unique IDentifier)と呼ばれる固有の番号が割り当てられています。

「UUID」は128ビットの値で、「他のものと重複しないように計算された値」のことです。

次のような書式の16進数文字列で表記されます。

```
58ff2c2a-54f8-47a4-a09d-68b96ee96bb4
```

[メモ]

16進数の、小文字と大文字の区別はされません。

サービスやキャラクタリスティックで用いる「UUID」には、用途ごとに定められたもの」と「メーカーが独自に定義したもの」の2種類があります。

①用途ごとに定められたもの

Bluetooth SIGという団体が標準化したもので、「GATT Specifications」としてまとめられています。

【GATT Specifications】

https://www.bluetooth.com/specifications/gatt/characteristics

たとえば、「温度を示すキャラクタリスティックのUUIDは、この値」と決まっているため、プログラムからは、その製品が何であれ、該当の「UUID」の値を読み込みさえすれば、温度を取得できます。

②メーカーが独自に定義したもの

「用途ごとに定められたもの」以外は、メーカー独自の「UUID」です。
製品種類やメーカーによって値が違います。

どのような値が、どのような意味をもっているのかは、「デバイスの仕様書」(データシート)などで確認します。

● BLE処理の基本

これまでの説明から分かるように、「キャラクタリスティックの読み書き」が、「BLEデバイス制御」の本質です。

「BLEセントラル」として構成するのか、「BLEペリフェラル」として構成するのかによって違いますが、基本的な流れは、次の通りです。

【BLEセントラルとして構成する場合】

[1] BLEペリフェラルを探す

利用したい「BLEペリフェラル」を、周囲からスキャンします。

「BLEペリフェラル」は、「アドバタイズ」(advertise)という機能を使って、自身の情報を定期的に発信しているので、その情報を探します。

見つかったものが、操作したい「BLEペリフェラル」かどうかは、それがもつ「UUID」や「名称」から判断します。

[2] サービスとキャラクタリスティックを探す

①のデバイスから「サービス」を探して、そこに含まれている「キャラクタリスティック」を探します。

「サービス」にも「キャラクタリスティックス」にも「UUID」が割り当てられているため、「UUID」を指定すれば、それを特定できます。

[3] キャラクタリスティックを読み書きする

[2]の「キャラクタリスティック」を読み書きします。

[メモ]

「NOTIFY」(通知)という機能を使って、「値が変化されたときに、その変化を即時に受け取りたい」というときには、さらに、「NOTIFY用のコールバック関数」を構成します。

【BLEペリフェラルとして構成する場合】

---

[1] BLEサーバ機能を構成する

「接続」や「切断」を受けたり、「アドバタイジング」したりするための機能をもつ、「BLEサーバ機能」を構成します。

[2] サービスとキャラクタリスティックを用意する

[1]の中に、「サービス」と「キャラクタリスティック」を用意します。

言い換えると、これら用の「UUID」を生成し、読み込まれたときはどのような値を返すか、書き込まれたときはどのような振る舞いをするかというコードを定義します。

[3] アドバタイジング

すべての準備ができたら、[1]の「BLEサーバ機能」を使って、アドバタイジングします。

そうすることで、この「BLEペリフェラル」の情報が公開され、スマホなどでは一覧表示のなかに表示されるようになり、接続して利用できるようになります。

■ スマホから操作してWio Terminalの液晶画面の色を変更する例

簡単な「BLE」のサンプルとして、「スマホから操作したときに、Wio Terminalの液晶画面の色を変更する」というプログラムを示します。

このプログラムは、「BLEペリフェラル」として動作します。

プログラムは、**リスト8-3**の通りです。

リストの冒頭には、2つの「UUID」があり、これらは、「Online UUID Generator」で作りました。

```
#define SERVICE_UUID  "58ff2c2a-54f8-47a4-a09d-68b96ee96bb4"
#define CHARACTERISTIC_UUID "e5795eb7-95c1-49b6-af68-
db40dc2f106b"
```

【Online UUID Generator】

https://www.uuidgenerator.net/

リスト8-3　スマホから操作してWio Terminalの液晶画面の色を変更する例

```
#include <LovyanGFX.hpp>
static LGFX tft;

#include <rpcBLEDevice.h>
#include <BLEServer.h>

#define SERVICE_UUID  "58ff2c2a-54f8-47a4-a09d-68b96ee96bb4"
#define CHARACTERISTIC_UUID "e5795eb7-95c1-49b6-af68-
db40dc2f106b"

int convertRGB(String s) {
…リスト7-5と同様なので掲載割愛…
}

// コールバック関数
class MyCallbacks: public BLECharacteristicCallbacks {
  // 書き込まれたとき
  void onWrite(BLECharacteristic *pCharacteristic) {
    // 書き込まれた値の取得
    std::string value = pCharacteristic->getValue();
```

```
    String colorval = String(value.c_str());
    // 色を設定する
    int r, g, b;
    colorval.toLowerCase();
    if (colorval.charAt(0) != '#') {
      r = g = b = 0;
      tft.fillScreen(0);
    } else {
      colorval.toLowerCase();
      r = convertRGB(colorval.substring(1, 3));
      g = convertRGB(colorval.substring(3, 5));
      b = convertRGB(colorval.substring(5, 7));

      int rgb565 = tft.color565(r, g, b);
      tft.fillScreen(rgb565);
    }
  }
};

void setup() {
  // 液晶の初期化など
  tft.begin();

  tft.setRotation(1);
  tft.fillScreen(TFT_BLACK);

  // BLEデバイスの初期化
  BLEDevice::init("wio-example");
  // BLEサーバの生成
  BLEServer *pServer = BLEDevice::createServer();
  // BLEサービスの生成
  BLEService *pService = pServer->createService(SERVICE_UUID);
  // キャラクタリスティックの生成
  BLECharacteristic *pCharacteristic =
    pService->createCharacteristic(
      CHARACTERISTIC_UUID,
      BLECharacteristic:: BLECharacteristic::PROPERTY_WRITE
  );
  // 値の設定
  pCharacteristic->setValue("");
  // コールバック関数の設定
```

```
  pCharacteristic->setCallbacks(new MyCallbacks());


  // サービスの開始
  pService->start();

  // アドバタイズの開始
  BLEAdvertising *pAdvertising = pServer->getAdvertising();
  pAdvertising->start();
}

void loop() {
}
```

■ BLEペリフェラルの基本

このプログラムは、次のように動作します。

● BLEサーバの用意

「BLEペリフェラル」では、「BLEサーバ」を構成します。
「BLEサーバ」の構成に必要なライブラリをインクルードします。

```
#include <rpcBLEDevice.h>
#include <BLEServer.h>
```

まずは、「BLEデバイス」を初期化して、「BLEサーバ」を作ります。

ここでは、「ペリフェラル名」(スマホやPCでBLEデバイス一覧をとったときに表示される名前)を、「wio-example」としました。

```
// BLEデバイスの初期化
BLEDevice::init("wio-example");
// BLEサーバの生成
BLEServer *pServer = BLEDevice::createServer();
```

● BLEサービスの作成

続いて、「BLEサービス」を作ります。

```
// BLEサービスの生成
BLEService *pService = pServer->createService(SERVICE_UUID);
```

● キャラクタリスティックの作成

次に、「キャラクタリスティック」を作ります。

ここでは、1つしかキャラクタリスティックを作成していませんが、複数作ることもできます。

「PROPERTY_WRITE」を指定して、「書き込みのみ可能なキャラクタリスティック」としています。

```
// キャラクタリスティックの生成
BLECharacteristic *pCharacteristic =
  pService->createCharacteristic(
    CHARACTERISTIC_UUID,
    BLECharacteristic::PROPERTY_WRITE
);
```

作ったキャラクタリスティックに、初期値を設定しておきます。

```
// 値の設定
pCharacteristic->setValue("");
```

キャラクタリスティックに対して、「読み書き」などの操作がされたときに呼び出される、「コールバック関数」を設定しておきます。

```
// コールバック関数の設定
pCharacteristic->setCallbacks(new MyCallbacks());
```

● サービスとアドバタイズの開始

これで、事前の準備は完了したので、「サービス」を開始します。

```
// サービスの開始
pService->start();
```

そして、さらに「アドバタイズ」を開始します。

「アドバタイズ」を開始することで、PCやスマホなどから、「BLEデバイス」として見えるようになります。

```
// アドバタイズの開始
BLEAdvertising *pAdvertising = pServer->getAdvertising();
pAdvertising->start();
```

● キャラクタリスティックスが操作されたときの処理

「キャラクタリスティックス」が操作されたときは、次の「コールバック関数」を呼び出すように設定しています。

```
class MyCallbacks: public BLECharacteristicCallbacks {
  // 書き込まれたとき
  void onWrite(BLECharacteristic *pCharacteristic) {
    // 書き込まれた値の取得
    std::string value = pCharacteristic->getValue();
    String colorval = String(value.c_str());
    // 色を設定する
    int r, g, b;
    colorval.toLowerCase();
    if (colorval.charAt(0) != '#') {
      r = g = b = 0;
      tft.fillScreen(0);
    } else {
      colorval.toLowerCase();
      r = convertRGB(colorval.substring(1, 3));
      g = convertRGB(colorval.substring(3, 5));
      b = convertRGB(colorval.substring(5, 7));

      int rgb565 = tft.color565(r, g, b);
```

```
      tft.fillScreen(rgb565);
    }
  }
};
```

このコードにあるように、「書き込まれたとき」には、「onWriteメソッド」が呼び出されるので、そこで書き込まれた値を読み込みます。

書き込まれる値は、「#RRGGBB」(RR=赤、GG=緑、BB=青、の16進数「00～FF」で示される色の濃さ)を想定しており、この値を「液晶の塗りつぶしの色」として設定しています。

■ スマホから操作する

今、プログラムの動きで説明したように、「キャラクタリスティックス」に「#RRGGBB」を設定すると、「Wio Terminal」の液晶の色が変わります。

実際に、スマホから操作してみましょう。

● キャラクタリスティックを操作できるソフトのインストール

そのためには、「BLEのキャラクタリスティックを操作できるソフト」が必要です。

自作することもできますが、たいへんなので、汎用のソフトを使います。

ここでは「**BLEスキャナー**」というソフトを使いました。

「Google Play」からインストールできるのでインストールしてください(**図8-4**)。

図8-4 「BLEスキャナー」をインストールする

● Wio TerminalにBLEでつないで操作する

「BLEスキャナー」を起動して次のように操作すると、「キャラクタリスティック」を変更できます。

「キャラクタリスティック」を変更すると、「Wio Terminal」の液晶の色が変わることを確認できます。

手 順　キャラクタリスティックを変更する

[1]　BLEデバイスに接続する

「BLEスキャナー」を起動すると、周囲のBLEデバイス一覧が表示される。

一覧の中に、「wio-example」というBLEデバイスが見つかるはずなので、その[Connect]ボタンをクリックして接続(図8-5)。

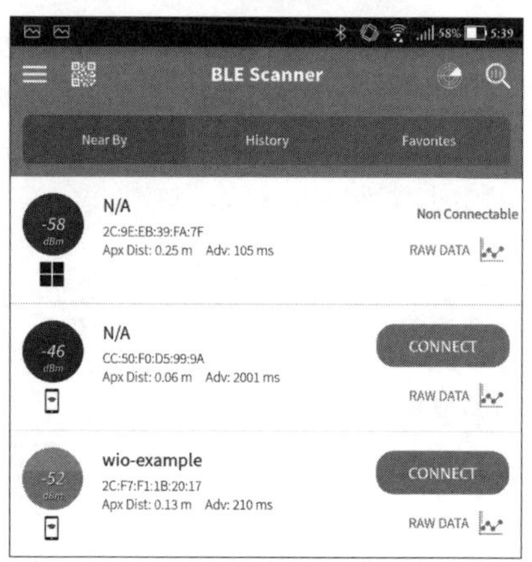

図8-5　接続する

[2]　サービスを開く

[Connect]ボタンをクリックすると接続し、このデバイスがもつ「サービス」の一覧を見られる。

「サービス」のなかに「CUSTOM SERVICE」という項目があり、それが今回、リスト8-3で追加したものになっている(「UUID」がソースコード中で指定しているものと合致するはず)。

それをクリックして開く(図8-6)。

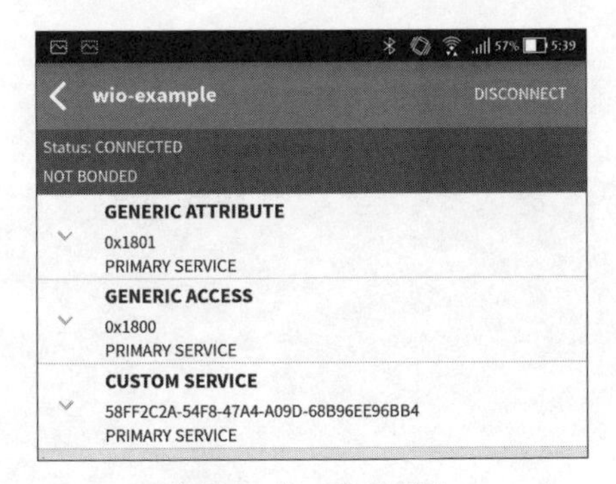

図8-6　サービスを開く

[3]　キャラクタリスティックを開く

すると、「サービス」が提供している「キャラクタリスティック」の一覧が表示される(図8-7)。

これも、**リスト8-3**で追加した「キャラクタリスティック」になっている(「UUID」の合致を確認できるはず)。

「キャラクタリスティック」は、「書き込み可能」に設定しているので[W](Writeの意味)のアイコンがある。

このアイコンをクリック。

[メモ]

キャラクタリスティックが読み取り可能であれば、[R](Readの意味)のボタンも現れます。

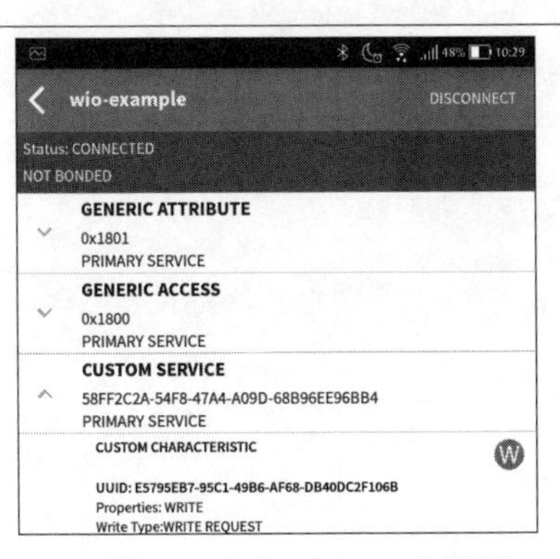

図8-7　キャラクタリスティックを開く

[4] 値を書き込む

値を書き込む画面が表示されるので、「#ff00ff」など、適当な色を文字列として入力して保存(図8-8)。

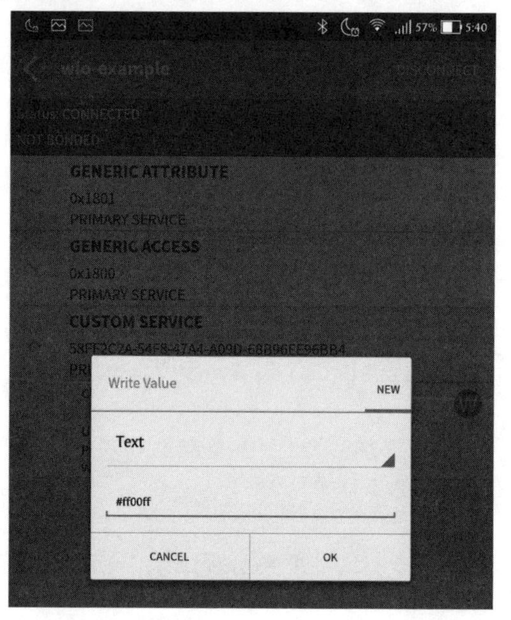

図8-8 キャラクタリスティックに値を書き込む

これで、「Wio Terminal」の液晶の色が変わるはずです。

■ キャラクタリスティックを作れば、さまざまな操作ができる

「BLE」の操作は複雑ですが、「キャラクタリスティック」の読み書きで成り立っているということがわかれば、サンプルとして提示している**リスト8-3**を改良して、さまざまな「BLEデバイス」が作れるかと思います。

「キャラクタリスティック」を必要なだけ定義して「コールバック関数」を定義する。

「読み書き」の際には、コールバック関数の「onReadメソッド」や「onWriteメソッド」が呼び出されるので、そこに処理を書いておく…という具合です。

Appendix A

GPIO定数対応

「Wio Terminal」の「LED」や「ボタン」など、内蔵デバイスの「定数」や「番号」のリストを示します。

GPIO番号

GPIOの対応は、**表A-1**の通りです。

表A-1　GPIO番号

番　号	定　数	接続先
13	LED_BUILTIN	テスト用LED(青)
12	WIO_BUZZER	内蔵スピーカー(ブザー)
39	WIO_MIC	内蔵マイク
27	WIO_LIGHT	照度センサ
14	WIO_IR	IR送信機
28	WIO_KEY_A	ボタンA
29	WIO_KEY_B	ボタンB
30	WIO_KEY_C	ボタンC
31	WIO_5S_UP	十字キー　上
34	WIO_5S_DOWN	十字キー　下
33	WIO_5S_RIGHT	十字キー　右
32	WIO_5S_LEFT	十字キー　左
35	WIO_5S_PRESS	十字キー　押し込み
0	D0/A0	GROVE左(アナログ・デジタル)の信号線1
1	D1/A1	GROVE左(アナログ・デジタル)の信号線2
45	I2C1_SCL	GROVE右(I2C)のSCL
46	I2C1_SDA	GROVE右(I2C)のSDA

Appendix B

シリアルモニタを使ったデバッグ

「Arduino」で開発する場合、「変数に正しく値が保存されているか」「メッセージが正しく届いているか」「処理が通っているか」などを確認したいことがあります。

そんなときには、パソコンからメッセージを確認できる「シリアルモニタ」の機能を使うといいでしょう。

■シリアルモニタとは

「シリアルモニタ」は、接続したマイコンがシリアルに接続してくるデータを、そのまま画面に表示する「Arduino IDE」の機能です。

[ツール]メニューの[シリアルモニタ]から起動できます。

■シリアルモニタに出力するプログラムの例

「Wio Terminal」からデータをシリアルに出力するには、まず、「Serial.beginメソッド」を使って「シリアルポート」を初期化します。

このとき、通信速度を設定します。「115200」という設定値が、よく使われます。

```
Serial.begin(115200);
```

その後、「Serial.printメソッド」(改行なし)や「Serial.printlnメソッド」(改行付き)を使うと、データをシリアルに出力できます。

```
Serial.println(出力したいデータ);
```

リストB-1に、シリアルにデータを出力する例を示します。

このプログラムは、約1秒(1000ミリ秒)ごとに、「1」「2」「3」…とカウントアップするデータをシリアルに出力するものです。
「シリアルモニタ」を起動すると、その様子が分かります(**図B-1**)。

これを使うときは、右下の数値の部分を、「Serial.begin」で指定した数値(ここでは115200)に合わせないと、正しく表示されないので、注意してください。

「シリアルモニタ」に出力して確認する方法は、とくにネットワークから取得したデータなど、見えないデータを処理する際に、役立つはずです。

リストB-1　シリアル出力する例

```
int i = 0;
void setup() {
  Serial.begin(115200);
}

void loop() {
  i = i + 1;
  Serial.println(i);

  delay(1000);
}
```

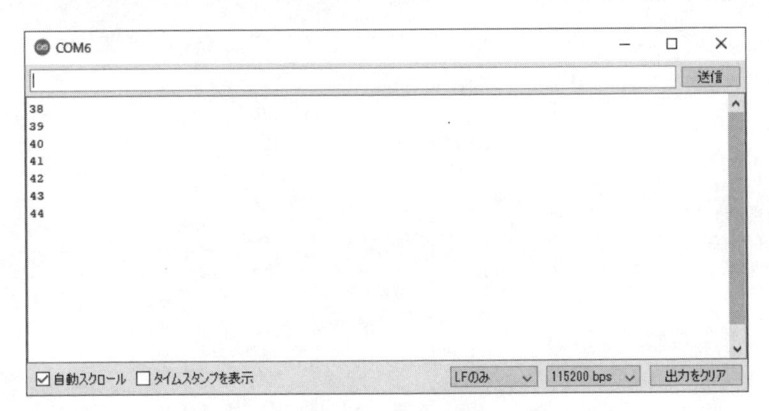

図B-1　シリアルモニタで確認したところ

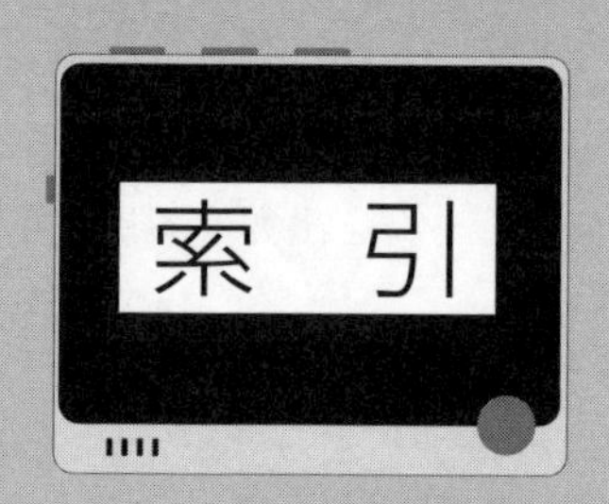

アルファベット

■著者略歴

大澤　文孝（おおさわ　ふみたか）

テクニカルライター。プログラマー。
情報処理技術者（情報セキュリティスペシャリスト、ネットワークスペシャリスト）。
雑誌や書籍などで開発者向けの記事を中心に執筆。主にサーバやネットワーク、
Webプログラミング、セキュリティの記事を担当する。
近年は、Webシステムの設計・開発に従事。

［主な著書］

「ゼロからわかる Amazon Web Services超入門 はじめてのクラウド」（技術評論社）

「ちゃんと使える力を身につける Webとプログラミングのきほんのきほん」（マイナビ）

「UIまで手の回らないプログラマのためのBootstrap 3実用ガイド」（翔泳社）

「さわって学ぶクラウドインフラ　docker基礎からのコンテナ構築」（日経BP）

「TWELITEではじめるカンタン電子工作改訂版」「Jupyter Notebook レシピ」
『「TWELITE PAL」ではじめるクラウド電子工作』「M5Stackではじめる電子工作」
「Python10行プログラミング」「sakura.ioではじめるIoT電子工作」
「TWELITEではじめるセンサー電子工作」「Amazon Web Servicesではじめる Webサーバ」
「プログラムを作るとは？」「インターネットにつなぐとは？」
「TCP/IPプロトコルの達人になる本」（以上、工学社）

本書の内容に関するご質問は、
①返信用の切手を同封した手紙
②往復はがき
③ FAX (03) 5269-6031
（返信先の FAX 番号を明記してください）
④ E-mail　editors@kohgakusha.co.jp
のいずれかで、工学社編集部あてにお願いします。
なお、電話によるお問い合わせはご遠慮ください。

サポートページは下記にあります。

［工学社サイト］
http://www.kohgakusha.co.jp/

I/O BOOKS

「Wio Terminal」ではじめるカンタン電子工作

2021年7月30日　初版発行　©2021

著　者　大澤　文孝
発行人　星　正明
発行所　株式会社工学社
〒160-0004 東京都新宿区四谷 4-28-20 2F
電話　(03) 5269-2041（代）［営業］
　　　(03) 5269-6041（代）［編集］
振替口座　00150-6-22510

※定価はカバーに表示してあります。

印刷：（株）エーヴィスシステムズ　ISBN978-4-7775-2145-6